建筑施工安全技术与监理管理研究

杨志强◎著

吉林科学技术出版社

图书在版编目（CIP）数据

建筑施工安全技术与监理管理研究 / 杨志强著. --
长春 ： 吉林科学技术出版社，2023.3
ISBN 978-7-5744-0164-8

Ⅰ．①建… Ⅱ．①杨… Ⅲ．①建筑工程－工程施工－
安全技术－研究②建筑施工－安全管理－研究 Ⅳ.
①TU714

中国国家版本馆 CIP 数据核字 (2023) 第 053838 号

建筑施工安全技术与监理管理研究

作　　者	杨志强
出 版 人	宛　霞
责任编辑	金方建
幅面尺寸	185 mm×260mm
开　　本	16
字　　数	275 千字
印　　张	12.25
版　　次	2023 年 3 月第 1 版
印　　次	2023 年 3 月第 1 次印刷

出　　版　吉林科学技术出版社

发　　行　吉林科学技术出版社

地　　址　长春市净月区福祉大路 5788 号

邮　　编　130118

发行部电话/传真　0431-81629529　81629530　81629531
　　　　　　　　　81629532　81629533　81629534

储运部电话　0431-86059116

编辑部电话　0431-81629518

印　　刷　北京四海锦诚印刷技术有限公司

书　　号　ISBN 978-7-5744-0164-8

定　　价　75.00 元

前　言

　　安全生产作为保护人民生命财产安全和发展社会生产力、促进社会和经济持续健康发展的基本条件，是社会文明与进步的重要标志。安全保障是人民生活质量的体现。长期以来，建筑业一直是危险性高、事故多发的行业之一。尽管近年来我国建筑业安全生产呈现出总体稳定持续好转的发展态势，但是由于安全管理人员和施工队伍素质影响等原因，建筑施工安全形势依然严峻。

　　建筑施工安全技术与监理管理是建设工程一项极为重要的工作，能否保证安全施工，避免或减少伤亡事故，不仅直接影响工程的建设速度和企业的经济效益，更关系到广大职工的身心健康、家庭幸福和社会安定。随着城市建设和科学技术的进步，大型、高层和地下建筑物越来越多，加之新技术、新材料、新设备的广泛应用，工艺设计、工程结构越来越复杂，自动化程度日渐提升，而传统的安全技术与监理管理随着市场经济的发展，受到了很大的冲击。安全事故的频繁发生，触目惊心的现状告诫人们，除政府职能部门应加强管理和依法干预外，还必须动员社会力量参与安全管理的某些活动，真正实施群防群治的战略方针。

　　本书从建筑施工安全技术的角度出发，对如何做好土方、结构、脚手架、模板、高处作业等项目安全管理进行分析；同时，系统地阐述了建筑工程安全监理的概念性质、安全监理的职责、安全监理工作的实施以及绿色监理的技术方法与实务。本书既是建设工程监理人员的安全培训教材，也可供建设单位、施工单位相关管理人员学习参考。

　　本书在撰写工作中，参考了大量文献，并得到了众多学者和朋友的支持，参考了相关著作，在此一并表示衷心感谢。同时，由于作者水平有限，不妥之处在所难免，恳请读者批评指正。

目　　录

第一章　土方与结构工程安全

在建筑工程施工中，土方与结构工程是基础的施工工序，在建筑工程的地基施工中，土方施工也成为了必要的施工程序。近年来，建筑工程施工得到了快速发展，同时也对建筑工程的质量提出了更高的要求。建筑工程施工中，土方施工要注意的问题是非常多的，同时对施工质量也有很大影响，因此，一定要对出现的问题进行很好的分析，这样能够更好地保证建筑施工企业获得更好的发展。

第一节　土方及基础工程安全

一、土方工程

（一）土方工程的危险性及土方坍塌的迹象

在土方工程施工过程中，首先遇到的就是场地平整和基坑开挖，因此，将一切土的开挖、运输、填筑等称为土方工程。土方工程的危险性主要是坍塌，另外，还有高处坠落、触电、物体打击、车辆伤害等。土方发生坍塌以前的主要迹象有以下几个方面：

1. 周围地面出现裂缝，并不断扩展。
2. 支撑系统发出挤压等异常响声。
3. 环梁或排桩、挡墙的水平位移较大，并持续发展。
4. 支护系统出现局部失稳。
5. 大量水土不断涌入基坑。
6. 相当数量的锚杆螺母松动，甚至有的槽钢松脱等。

（二）土方工程的事故隐患

土方工程的事故隐患主要包括以下内容：
1. 开挖前，未摸清地下管线、未制定应急措施。
2. 土方施工时，放坡和支护不符合规定。
3. 机械设备施工与槽边安全距离不符合规定，又无措施。

4. 开挖深度超过 2 m 的沟槽，未按标准设围栏防护和密目安全网封挡。

5. 地下管线和地下障碍物未明或管线 1 m 内机械挖土。

6. 超过 2 m 的沟槽，未搭设上下通道，危险处未设红色标志灯。

7. 未设置有效的排水挡水措施。

8. 配合作业人员和机械之间未有一定的距离。

9. 挖土过程中土体产生裂缝未采取措施而继续作业。

10. 挖土机械碰到支护、桩头，挖土时动作过大。

11. 在沟、坑、槽边沿 1 m 内堆土、堆料、停置机具。

12. 雨后作业前，未检查土体和支护的情况。

（三）土方工程安全技术措施

1. 挖土安全技术的一般规定

（1）人工开挖时，两个人操作间距应保持 2~3 m，并应自上而下逐层挖掘，严禁采用掏洞的挖掘方法。

（2）挖土时要随时注意土壁变动情况，如发现有裂纹或部分塌落现象，要及时进行支撑或改缓放坡，并注意支撑的稳固和边坡的变化。

（3）上下坑沟应先挖好阶梯或设木梯，不应踩踏土壁及其支撑上下。

（4）用挖土机施工时，挖土机的工作范围内，不进行其他工作，且应至少留 0.3 m 深，最后由工人修挖至设计标高。

（5）在坑边堆放弃土、材料和移动施工机械，应与坑边保持一定距离。

2. 基坑挖土操作的安全重点

（1）人员上下基坑应设坡道或爬梯。

（2）基坑边缘堆置土方或建筑材料或沿挖方边缘移动运输工具和机械，应按施工组织设计要求进行。

（3）基坑开挖时，如发现边坡裂缝或不断掉土块时，施工人员应立即撤离操作地点，并应及时分析原因，采取有效措施处理。

（4）深基坑上下应先挖好阶梯或支撑靠梯，或开斜坡道，采取防滑措施，禁止踩踏支撑上下，坑边四周应设安全栏杆。

（5）人工吊运土方时，应检查起吊工具、绳索是否牢靠。吊斗下面不得站人，卸土堆应离开坑边一定距离，以防造成坑壁塌方。

（6）用胶轮车运土，应先平整好道路，并尽量采取单行道，以免来回碰撞；用翻斗车运土时，两车前后间距不得小于 10 m；装土和卸土时，两车间距不得小于 1.0 m。

（7）已挖完或部分挖完的基坑，在雨后或冬期解冻前，应仔细观察边坡情况，如发现异常情况，应及时处理或排除险情后方可继续施工。

（8）基坑开挖后应对围护排桩的桩间土体，根据不同情况，采用砌砖、插板、挂网喷（或抹）细石混凝土等处理方法进行保护，防止桩间土方坍塌伤人。

（9）支撑拆除前，应先安装好替代支撑系统。替代支撑的截面和布置应由设计计算确定。采用爆破法拆除混凝土支撑结构前，必须对周围环境和主体结构采取有效的安全防护措施。

（10）围护墙利用主体结构"换撑"时，主体结构的底板或楼板混凝土强度应达到设计强度的80%；在主体结构与围护墙之间应设置好可靠的换撑传力构造；在主体结构楼盖局部缺少部位，应在主体结构内的适当部位设置临时的支撑系统，支撑截面面积应由计算确定；当主体结构的底板和楼板采取分块施工或设置后浇带时，应在分块或后浇带的适当部位设置传力构件。

3. 机械挖土的安全措施

（1）大型土方工程施工前，应编制土方开挖方案，绘制土方开挖图，确定开挖方式、路线、顺序、范围、边坡坡度、土方运输路线、堆放地点，以及安全技术措施等以保证挖掘、运输机械设备安全作业。

（2）机械挖方前，应对现场周围环境进行普查，对临近设施在施工中要加强沉降和位移观测。

（3）机械行驶道路应平整、坚实；必要时，底部应铺设枕木、钢板或路基箱垫道，防止作业时下陷；在饱和软土地段开挖土方应先降低地下水水位，防止设备下陷或基土产生侧移。

（4）开挖边坡土方，严禁切割坡脚，以防导致边坡失稳；当山坡坡度陡于1∶5，或在软土地段，不得在挖方上侧堆土。

（5）机械挖土应分层进行，合理放坡，防止塌方、溜坡等造成机械倾翻、淹埋等事故。

（6）多台挖掘机在同一作业面同时开挖，其间距应大于10 m；多台挖掘机械在不同台阶同时开挖，应验算边坡稳定，上下台阶挖掘机前后应相距30 m以上，挖掘机与下部边坡应有一定的安全距离，以防造成翻车事故。

（7）对边坡上的孤石、孤立土柱、易滑动危险土石体，在挖坡前必须清除，以防开挖时滑塌；施工中应经常检查挖方边坡的稳定性，及时清除悬置的土包和孤石；削坡施工时，坡底不得有人员或机械停留。

（8）挖掘机工作前，应检查油路和传动系统是否良好，操纵杆应置于空挡位置；工作时应处于水平位置，并将行走机械制动，工作范围内不得有人行走。挖掘机回转及行走时，应待铲斗离开地面，并使用慢速运转。往汽车上装土时，应待汽车停稳，驾驶员离开驾驶室，并应先鸣号，后卸土。铲斗应尽量放低，不得碰撞汽车。挖掘机停止作业，应放在稳固地点，铲斗应落地，放尽贮水，将操纵杆置于空挡位置，锁好车门。挖掘机转移工作地时，应使用平板拖车。

（9）推土机启动前，应先检查油路及运转机构是否正常，操纵杆是否置于空挡位置。作业时，应将工作范围内的障碍物先予清除，非工作人员应远离作业区，先鸣号，后作业。推土机上下坡应用低速行驶，上坡不得换挡，坡度不应超过 25°；下坡不得脱挡滑行，坡度不应超过 35°；在横坡上行驶时，横坡坡度不得超过 10°，并不得在陡坡上转弯。填沟渠或驶近边坡时，推铲不得超出边坡边缘，并换好倒车挡后方可提升推铲进行倒车。推土机应停放在平坦稳固的安全地方，放净贮水，将操纵杆置于空挡位置，锁好车门。推土机转移时，应使用平板拖车。

（10）铲运机启动前应先检查油路和传动系统是否良好，操纵杆应置于空挡位置。铲运机的开行道路应平坦，其宽度应大于机身 2 m 以上。在坡地行走，上下坡度不得超过 25°，横坡不得超过 6°。铲斗与机身不正时，不得铲土。多台机在一个作业区作业时，前后距离不得小于 10 m，左右距离不得小于 2 m。铲运机上下坡道时，应低速行驶，不得中途换挡，下坡时严禁脱挡滑行。禁止在斜坡上转弯、倒车或停车。工作结束，应将铲运机停在平坦稳固地点，放净贮水，将操纵杆置于空挡位置，锁好车门。

（11）在有支撑的基坑中挖土时，必须防止碰坏支撑，在坑沟边使用机械挖土时，应计算支撑强度，危险地段应加强支撑。

（12）机械施工区域禁止无关人员进入场地内。挖掘机工作回转半径范围内不得站人或进行其他作业。土石方爆破时，人员及机械设备应撤离危险区域。挖掘机、装载机卸土时，应待整机停稳后进行，不得将铲斗从运输汽车驾驶室顶部越过；装土时，任何人都不得停留在装土车上。

（13）挖掘机操作和汽车装土行驶要听从现场指挥；所有车辆必须严格按规定的开行路线行驶，防止撞车。

（14）挖掘机行走和自卸汽车卸土时，必须注意上空电线，不得在架空输电线路下工作；如在架空输电线一侧工作时，在 110~220 kV 电压时，垂直安全距离为 2.5 m，水平安全距离为 4~6 m。

（15）夜间作业时，机上及工作地点必须有充足的照明设施，在危险地段应设置明显的警示标志和护栏。

（16）冬期、雨期施工，运输机械和行驶道路应采取防滑措施，以保证行车安全。

（17）遇 7 级以上大风或雷雨、大雾天气时，各种挖掘机应停止作业，并将臂杆降低至 30~45°。

4. 土方回填施工安全技术

（1）新工人必须参加入场安全教育，考试合格后方可上岗。

（2）使用电夯时，必须由电工接装电源、闸箱，检查线路、接头、零线及绝缘情况，并经试夯确认安全后方可作业。

（3）人工抬、移蛙式夯实机时必须切断电源。

（4）用小车向槽内卸土时，槽边必须设横木挡掩，待槽下人员撤至安全位置后方可倒土。倒土时应稳倾缓倒，严禁撒把倒土。

（5）人工打夯时应精神集中。两人打夯时应互相呼应，动作一致，用力均匀。

（6）在从事回填土作业前必须熟悉作业内容、作业环境，对使用的工具要进行检修，不牢固者不得使用；作业时必须执行技术交底，服从带班人员指挥。

（7）蛙式打夯机应由两人操作，一人扶夯，另一人牵线。两人必须穿绝缘鞋、戴绝缘手套。牵线人必须在夯机后面或侧面随机牵线，不得强力拉扯电线。电线绞缠时必须停止操作。严禁夯机砸线。严禁在夯机运行时隔夯扔线。转向或倒线有困难时，应停机。清除夯盘内的土块、杂物时必须停机，严禁在夯机运转中清掏。

（8）作业时必须根据作业要求，佩戴防护用品，施工现场不得穿拖鞋。从事淋灰、筛灰作业时穿好胶靴，戴好手套，戴好口罩，不得赤脚、露体，应站在上风方向操作，4级以上强风禁止筛灰。

（9）配合其他专业工种人员作业时，必须服从该专业工种人员的指挥。

（10）取用槽帮土回填时，必须自上而下台阶式取土，严禁掏洞取土。

（11）作业后必须拉闸断电，盘好电线，把夯机放在无水浸危险的地方，并盖好苫布。

（12）作业时必须遵守劳动纪律，不得擅自动用各种机电设备。

（13）蛙式打夯机手把上的开关按钮应灵敏、可靠，手把应缠裹绝缘胶布或套胶管。

（14）回填沟槽（坑）时，应按技术交底要求在构造物胸腔两侧分层对称回填，两侧高差应符合规定要求。

二、基坑支护与降水工程

（一）基坑支护与降水工程的事故隐患

基坑支护与降水工程的事故隐患主要包括以下内容：

1. 未按规定对毗邻管线道路进行沉降检测。

2. 基坑内作业人员无安全立足点。

3. 机器设备在坑边小于安全距离。

4. 人员上下无专用通道或通道不符合要求。

5. 支护设施已有变形但未有措施调整。

6. 回填土方前拆除基坑支护的全部支撑。

7. 在支护和支撑上行走、堆物。

8. 基础施工无排水措施。

9. 未按规定进行支护变形检测。

10. 深基坑施工未有防止邻近建筑物沉降的措施。

11. 基坑边堆物距离小于有关规定。

12. 垂直作业上下无隔离。

13. 井点降水未经处理。

(二) 基坑支护与降水工程安全技术

1. 基坑支护工程

（1）基坑开挖应严格按支护设计要求进行。应熟悉围护结构撑锚系统的设计图纸，包括围护墙的类型、撑锚位置、标高及设置方法、顺序等设计要求。

（2）混凝土灌注桩、水泥土墙等支护应有 28 d 以上龄期，达到设计要求时，方能进行基坑开挖。

（3）围护结构撑锚系统的安装和拆除顺序应与围护结构的设计工况相一致，以免出现变形过大、失稳、倒塌等事故。

（4）围护结构撑锚安装应遵循时空效应原理，根据地质条件采取相应的开挖、支护方式。一般竖向应严格遵守分层开挖，先支撑后开挖、撑锚与挖土密切配合、严禁超挖的原则，使土方挖到设计标高的区段内，能及时安装并发挥支撑作用。

（5）撑锚安装应采用开槽架设，在撑锚顶面需要运行施工机械时，撑锚顶面安装标高应低于坑内土面 20~30 cm。钢支撑与基坑土之间的空隙应用粗沙土填实，并在挖土机或土方车辆的通道处铺设道板。钢结构支撑宜采用工具式接头，并配有计量千斤顶装置，并定期校验，使用中有异常现象应随时校验或更换。钢结构支撑安装应施加预应力。预压力控制值一般不应小于支撑设计轴向力的 50%，也不宜大于 75%。采用现浇混凝土支撑必须在混凝土强度达到设计的 80% 以上时，才能开挖支撑以下的土方。

（6）在基坑开挖时，应限制支护周围振动荷载的作用并做好机械上、下基坑坡道部位的支护。在挖土过程中不得碰撞支护结构、损坏支护背面截水围幕。

在挖土和撑锚过程中，应有专人监察和监测，实行信息化施工，掌握围护结构的变形和变形速率，其上边坡土体稳定情况，以及邻近建筑物、管线的变形情况。发现异常现象，应查清原因，采取安全技术措施进行认真处理。

2. 降水工程

（1）排降水结束后，集水井、管井和井点孔应及时填实，恢复地面原貌或达到设计要求。

（2）现场施工排水，宜排入已建排水管道内。排水口宜设在远离建（构）筑物的低洼地点并应保证排水畅通。

（3）施工期间施工排降水应连续进行，不得间断。构筑物、管道及其附属构筑物未具备抗浮条件时，不得停止排降水。

（4）施工排水不得在沟槽、基坑外漫流回渗，危及边坡稳定。

（5）排降水机械设备的电气接线、拆卸、维护必须由电工操作，严禁非电工操作。

（6）施工现场应备有充足的排降水设备，及设备用电源。

（7）施工降水期间，应设专人对临近建（构）筑物、道路的沉降与变位进行监测，遇异常征兆，必须立即分析原因，采取防护、控制措施。

（8）对临近建（构）筑物的排降水方案必须进行安全论证，确认能保证建（构）筑物、道路和地下设施的正常使用和安全稳定，方可进行排降水施工。

（9）采用轻型井点、管井井点降水时，应进行降水检验，确认降水效果符合要求。降水后，通过观测井水位，确认水位符合施工设计要求，方可开挖沟槽或基坑。

三、桩基工程

（一）桩基工程的事故隐患

桩基工程常见的事故形式有：触电、物体打击、机械伤害、坍塌等。桩基工程的事故隐患主要包括以下内容：

1. 电气线路老化、破损、漏电、短路。

2. 在设备运转，起吊重物，设备搬迁、维修、拆卸，钢筋笼制作、焊接、吊放及下钢筋笼过程中，操作不当。

3. 各种机具在运转和移动工程中，防护措施不当或操作不当。

4. 孔壁维护不好。

5. 桩孔处有地下溶洞。

（二）桩基工程安全技术

1. 打（沉）桩

（1）打桩前，应对邻近施工范围内的原有建筑物、地下管线等进行检查，对有影响的工程，应采取有效的加固防护措施或隔震措施，施工时加强观测，以确保施工安全。

（2）打桩机行走道路必须平整、坚实，必要时铺设道砟，经压路机碾压密实。

（3）打（沉）桩前应先全面检查机械各个部件及润滑情况，钢丝绳是否完好，发现问题及时解决。检查后要进行试运转，严禁"带病"工作。

（4）打（沉）桩机架安设应铺垫平稳、牢固。吊桩就位时，桩必须达到100%的强度，起吊点必须符合设计要求。

（5）打桩时，桩头垫料严禁用手拨正，不得在桩锤未打到桩顶就起锤或过早刹车，以免损坏桩机设备。

（6）在夜间施工时，必须有足够的照明设施。

2. 灌注桩

（1）施工前，应认真查清邻近建筑物情况，采取有效的防震措施。

（2）灌注桩成孔机械操作时，应保持垂直平稳，防止成孔时突然倾倒或冲（桩）锤突然下落，造成人员伤亡或设备损坏。

（3）冲击锤（落锤）操作时，距锤 6 m 的范围内不得有人员行走或进行其他作业，非工作人员不得进入施工区域内。

（4）灌注桩在已成孔尚未灌注混凝土前，应用盖板封严或设置护栏，以防掉土或人员坠入孔内，造成重大人身安全事故。

（5）进行高空作业时，应系好安全带，混凝土灌注时，装、拆导管人员必须戴安全帽。

3. 人工挖孔桩

（1）井口应有专人操作垂直运输设备，井内照明、通风、通信设施应齐全。

（2）要随时与井底人员联系，不得任意离开岗位。

（3）挖孔施工人员下入桩孔内须戴安全帽，连续工作不宜超过 4 h。

（4）挖出的弃土应及时运至堆土场堆放。

第二节 结构工程安全

一、模板工程

（一）模板工程的事故隐患

模板工程及支撑体系的危险性主要为坍塌。模板工程的事故隐患主要包括以下内容：

1. 支拆模板在 2 m 以上无可靠立足点。

2. 模板工程无验收手续。

3. 大模板场地未平整夯实，未设 1.2 m 高的围栏防护。

4. 清扫模板和刷隔离剂时，未将模板支撑牢固，两模板中间走道小于 60 cm。

5. 立杆间距不符合规定。

6. 模板支撑固定在外脚手架上。

7. 支拆模板无专人监护。

8. 在模板上运混凝土无通道板。

9. 人员站在正在拆除的模板上。

10. 作业面空洞和临边防护不严。

11. 拆除底模时下方有人员施工。

12. 模板物料集中超载堆放。

13. 拆模留下无撑悬空模板。

14. 支独立梁模不搭设操作平台。

15. 利用拉杆支撑攀登上下。

16. 支模间歇未将模板做临时固定。

17. 不按规定设置纵横向剪刀撑。

18. 3 m 以上的立柱模板未搭设操作平台。

19. 在组合钢模板上使用 220 V 以上的电源。

20. 站在柱模上操作。

21. 支拆模板高处作业无防护或防护不严。

22. 支拆模板区域无警戒区域。

23. 排架底部无垫板，排架用砖垫。

24. 各种模板存放不整齐，堆放过高。

25. 交叉作业上下无隔离措施。

26. 拆钢底模时一次性把顶撑全部拆除。

27. 在未固定的梁底模上行走。

28. 现浇混凝土模板支撑系统无验收。

29. 在 6 级以上大风天气高空作业。

30. 支拆模板使用 2×4 板钢模板做立人板。

31. 未设存放工具的口袋或挂钩。

32. 封柱模板时从顶部往下套。

33. 支撑牵扯杆搭设在门窗框上。

34. 模板拆除前无混凝土强度报告或强度未达到规定提前拆模。

35. 拆模前未经拆模申请。

36. 拆下的模板未及时运走而集中堆放。

37. 拆模后未及时封盖预留洞口。

（二）模板工程安全技术

1. 模板安装

（1）支模过程中应遵守职业健康安全操作规程，若遇途中停歇，应将就位的支顶、模板连接稳固，不得空架浮搁。

（2）模板及其支撑系统在安装过程中，必须设置临时固定设施，严防倾覆。

（3）拼装完毕的大块模板或整体模板，吊装前应确定吊点位置，先进行试吊，确认无误后，方可正式吊运安装。

（4）安装整块柱模板时，不得将其支在柱子钢筋上代替临时支撑。

（5）支设高度在 3 m 以上的柱模板，四周应设斜撑，并应设立操作平台，低于 3 m 的可用马凳操作。

（6）支设悬挑形式的模板时，应有稳定的立足点。支设临空构筑物模板时，应搭设支架。模板上有预留洞时，应在安装后将洞盖没。

（7）在支模时，操作人员不得站在支撑设施上，而应设置立人板，以便操作人员站立。立人板应用木质 50 mm×200 mm 中板为宜，并适当绑扎固定。不得用钢模板及 50 mm×100 mm 的木板。

（8）承重焊接钢筋骨架和模板一起安装时，模板必须固定在承重焊接钢筋骨架的节点上。

（9）当层间高度大于 5 m 时，若采用多层支架支模，则应在两层支架立柱间铺设垫板，且应平整，上下层支柱要垂直，并在同一垂直线上。

（10）当模板高度大于 5 m 时，应搭脚手架，设防护栏，禁止上下在同一垂直面操作。

（11）特殊情况下在临边、洞口作业时，如无可靠的安全设施，必须系好安全带并扣好保险钩，高挂低用。经医生确认不宜高处作业人员，不得进行高处作业。

（12）在模板上施工时，堆物（如钢筋、模板、木方等）不宜过多，不准集中在一处堆放。

（13）模板安装就位后，要采取防止触电的保护措施，施工楼层上的配电箱必须设漏电保护装置，防止漏电伤人。

2. 模板拆除

（1）高处、复杂结构模板的装拆，事先应有可靠的安全措施。

（2）拆楼层外边模板时，应有防高空坠落及防止模板向外倒跌的措施。

（3）在模板拆装区域周围，应设置围栏，并挂明显的标志牌，禁止非作业人员入内。

（4）拆模起吊前，应检查对拉螺栓是否拆净，在确定拆净并保证模板与墙体完全脱离后，方准起吊。

（5）模板拆除后，在清扫和涂刷隔离剂时，模板要临时固定好，板面相对停放之间，应留出 50~60 cm 宽的人行通道，模板上方要用拉杆固定。

（6）拆模后模板或木方上的钉子，应及时拔除或敲平，防止钉子扎脚。

（7）模板所用的脱模剂在施工现场不得乱扔，以防止其影响环境质量。

（8）拆模时，临时脚手架必须牢固，不得用拆下的模板作为脚手架。

（9）组合钢模板拆除时，上下应有人接应，模板随拆随运走，严禁从高处抛掷。

（10）拆基础及地下工程模板时，应先检查基坑土壁状况。若有不安全因素，必须采取安全措施后，方可作业。拆除的模板和支撑件不得在基坑上口 1m 以内堆放，应随拆随运走。

（11）拆模必须一次性拆净，不得留有无撑模板。混凝土板有预留孔洞时，拆模后，应随时在其周围做好安全护栏，或用板将孔洞盖住，防止作业人员因扶空、踏空而坠落。

（12）拆模间歇时，应将已活动的模板、拉杆、支撑等固定牢固，防止其突然掉落伤人。

（13）拆模时，应逐块拆卸，不得成片松动、撬落或拉倒，严禁作业人员在同一垂直面上同时操作。

（14）拆 4 m 以上模板时，应搭脚手架或工作台，并且设防护栏杆，严禁站在悬臂结构上敲拆底模。

（15）两人抬运模板时，应相互配合，协同工作。传递模板、工具，应用运输工具或绳索系牢后升降，不得乱抛。

二、钢筋工程

（一）钢筋工程的事故隐患

钢筋工程的危险性主要是机械伤害、触电、高处坠落、物体打击等。钢筋工程的事故隐患主要包括以下内容：

1. 在钢筋骨架上行走。

2. 绑扎独立柱头时站在钢箍上操作。

3. 绑扎悬空大梁时站在模板上操作。

4. 钢筋集中堆放在脚手架和模板上。

5. 钢筋成品堆放过高。

6. 模板上堆料处靠近临边洞口。

7. 钢筋机械无人操作时不切断电源。

8. 工具、钢箍、短钢筋随意放在脚手板上。

9. 钢筋工作棚内照明灯无防护。

10. 钢筋搬运场所附近有障碍。

11. 操作台上钢筋头不清理。

12. 钢筋搬运场所附近有架空线路临时用电器。

13. 用木料、管子、钢模板穿在钢箍内做立人板。

14. 机械安装不坚实稳固，机械无专用的操作棚。

15. 起吊钢筋规格长短不一。

16. 起吊钢筋下方站人。

17. 起吊钢筋挂钩位置不符合要求，一点吊。

18. 钢筋在吊运中未降到 1 m 处就靠近。

（二）钢筋工程安全技术

1. 钢筋调直、切断、弯曲、除锈、冷拉等各道工序的加工机械，必须遵守行业现行标准《建筑机械使用安全技术规程》的规定，保证安全装置齐全有效，动力线路用钢管从地坪下引入，机壳要有保护零线。

2. 施工现场用电必须符合行业现行标准《施工现场临时用电安全技术规范》的规定。

3. 制作成型钢筋时，场地要平整，工作台要稳固，照明灯具必须加网罩。

4. 钢筋加工场地必须设专人看管，非工作人员不得擅自进入钢筋加工场地。

5. 加工好的钢筋现场堆放应平稳、分散，防止倾倒、塌落伤人。

6. 各种加工机械在作业人员下班后一定要拉闸断电。

7. 搬运钢筋时，应防止钢筋碰撞障碍物，防止在搬运中碰撞电线，发生触电事故。

8. 多人运送钢筋时，起、落、转、停动作要一致，人工上下传递不得在同一垂直线上。

9. 对从事钢筋挤压连接和钢筋直螺纹连接施工的有关人员应培训、考核，持证上岗，并经常进行安全教育，防止发生人身和设备安全事故。

10. 在高处进行挤压操作，必须遵守行业现行标准《建筑施工高处作业安全技术规范》的规定。

11. 在建筑物内的钢筋要分散堆放，安装钢筋，高空绑扎时，不得将钢筋集中堆放在模板或脚手架上。

12. 在高空、深坑绑扎钢筋和安装骨架时，必须搭设脚手架和马道。

13. 绑扎圈梁、挑檐、外墙、边柱钢筋时，应搭设外脚手架或悬挑架，并按规定挂好安全网。脚手架的搭设必须由专业架子工搭设，且符合安全技术操作规程。

14. 绑扎 3 m 以上的柱钢筋必须搭设操作平台，不得站在钢箍上绑扎。已绑扎的柱骨架应用临时支撑拉牢，以防倾倒。

15. 绑扎筒式结构（如烟囱、水池等），不得站在钢筋骨架上操作或上下。

16. 雨、雪、风力 6 级以上（含 6 级）天气不得露天作业。雨雪后，应清除积水、积雪后方可作业。

三、混凝土工程

（一）混凝土工程的事故隐患

混凝土工程的危险性主要是触电、高处坠落、物体打击等。混凝土工程的事故隐患主要包括以下内容：

1. 泵送混凝土架子搭设不牢靠。

2. 混凝土施工高处作业缺少防护、无安全带。

3. 2 m 以上小面积混凝土施工无牢靠立足点。

4. 运送混凝土的车道板搭设两头没有搁置平稳。

5. 用电缆线拖拉或吊挂插入式振动器。

6. 2 m 以上的高空悬挑未设置防护栏杆。

7. 板墙独立梁柱混凝土施工站在模板或支撑上。

8. 运送混凝土的车子向料斗倒料无挡车措施。

9. 清理地面时向下乱抛杂物。

10. 运送混凝土的车道板宽度过小（单向小于 1.4 m，双向小于 2.8 m）。

11. 料斗在临边时人员站在临边一侧。

12. 井架运输时，小车把伸出笼外。

13. 插入式振动器电缆线没有满足所需的长度。

14. 运送混凝土的车道板下横楞顶撑没有按规定设置。

15. 使用滑槽操作部位无护身栏杆。

16. 插入式振动器在检修作业间未切断电源。

17. 插入式振动器电缆线被挤压。

18. 运料中相互追逐超车，卸料时双手脱把。

19. 运送混凝土的车道板上有杂物并有沙等。

20. 混凝土滑槽没有固定牢靠。

21. 插入式振动器的软管出现断裂。

22. 站在滑槽上操作。

（二）混凝土工程安全技术

1. 施工安全技术

（1）采用手推车运输混凝土时，不得争先抢道，装车不应过满，装运混凝土量应低于车厢 5~10 cm；卸车时应有挡车措施，不得用力过猛或撒把，以防车把伤人。

（2）使用井架提升混凝土时，应设制动装置，升降应有明确信号，操作人员未离开提升台时，不得发升降信号。提升台内停放手推车要平衡，车把不得伸出台外，车轮前后应挡牢。

（3）混凝土浇筑前，应对振动器进行试运转。振动器操作人员应穿绝缘靴、戴绝缘手套。振动器不能挂在钢筋上。湿手不能接触电源开关。

（4）混凝土运输、浇筑部位应有安全防护栏杆和操作平台。

（5）现场施工负责人应为机械作业提供道路、水电、机棚或停机场地等必备的条件，并消除对机械作业有妨碍或不安全的因素。夜间作业应设置充足的照明。

（6）机械进入作业地点后，施工技术人员应向操作人员进行施工任务和安全技术措施交底。操作人员应熟悉作业环境和施工条件，听从指挥，遵守现场安全规则。

2. 操作人员要求

（1）操作人员在作业过程中，应集中精力正确操作，注意机械工况，不得擅自离开工作岗位或将机械交给其他无证人员操作。严禁无关人员进入作业区或操作室内。

（2）使用机械与安全生产发生矛盾时，必须首先服从安全要求。

四、砌体工程

（一）砌体工程的事故隐患

砌体工程的危险性主要是墙体或房屋倒塌。砌体工程的事故隐患主要包括以下内容：

1. 基础墙砌筑前未对土体的情况检查。

2. 操作人员踩踏砌体和支撑上下基坑。

3. 同一块脚手板上操作人员大于 2 人。

4. 在无防护的墙顶上作业。

5. 砌筑工具放在临边等易坠落的地方。

6. 砍砖时向外打，导致碎砖跳出伤人。

7. 操作人员无可靠的安全通道上下。

8. 砌筑楼房边沿墙体时未安设安全网。

9. 脚手架上堆砖高度超过 3 层侧砖。

10. 砌好的山墙未做任何加固措施。

11. 吊重物时用砌体做支撑点。

12. 在砌体上拉缆风绳。

13. 收工时未做落手清工作。

14. 雨天未对刚砌好的砌体做防雨措施。

15. 砌块未就位放稳就松开夹具。

（二）砌体工程安全技术

1. 砌筑砂浆工程

（1）砂浆搅拌机械必须符合《建筑机械使用安全技术规程》（JGJ 33—2012）及《施工现场临时用电安全技术规范》的有关规定，施工中应定期对其进行检查、维修，保证机械使用安全。

（2）落地砂浆应及时回收，回收时不得夹有杂物，并应及时运至拌和地点，掺入新砂浆中拌和使用。

（3）现场建立健全安全环保责任制度、技术交底制度、检查制度等各项管理制度。

（4）现场各施工面安全防护设施齐全有效，个人防护用品使用正确。

2. 砌块砌体工程

（1）吊放砌块前应检查吊索及钢丝绳的安全可靠程度，不灵活或性能不符合要求的严禁使用。

（2）堆放在楼层上的砌块重量，不得超过楼板允许承载力。

（3）所使用的机械设备必须安全可靠、性能良好，同时设有限位保险装置。

（4）机械设备用电必须符合"三相五线制"及三级保护的规定。

（5）操作人员必须戴好安全帽，佩戴劳动保护用品等。

（6）作业层的周围必须进行封闭围护，同时设置防护栏及张挂安全网。

（7）楼层内的预留孔洞、电梯口、楼梯口等，必须进行防护，采取栏杆搭设的方法进行围护，预留洞口采取加盖的方法进行围护。

（8）砌体中的落地灰及碎砌块应及时清理成堆，装车或装袋运输，严禁从楼上或架子上抛下。

（9）吊装砌块和构件时应注意重心位置，禁止用起重拔杆拖运砌块，不得起吊有破裂、脱落危险的砌块。

（10）起重拔杆回转时，严禁将砌块停留在操作人员上空或在空中整修、加工砌块。

（11）安装砌块时，不准站在墙上操作和在墙上设置受力支撑、缆绳等。在施工过程中，对稳定性较差的窗间墙，独立柱应加稳定支撑。

（12）因刮风使砌块和构件在空中摆动不能停稳时，应停止吊装工作。

3. 石砌体工程

（1）操作人员应戴安全帽和帆布手套。

（2）搬运石块应检查搬运工具及绳索是否牢固，抬石应用双绳。

（3）在架子上凿石应注意打凿方向，避免飞石伤人。

（4）砌筑时，脚手架上堆石不宜过多，应随砌随运。

（5）用锤打石时，应先检查铁锤有无破裂，锤柄是否牢固。打锤要按照石纹走向落锤，锤口要平，落锤要准，同时要看清附近情况有无危险，然后落锤，以免伤人。

（6）不准在墙顶或脚手架上修改石材，以免振动墙体，影响施工质量或石片掉下伤人。

（7）石块不得往下掷。上下运石时，脚手板要钉装牢固，并钉装防滑条及扶手栏杆。

（8）堆放材料必须离开槽、坑、沟边沿 1 m 以外，堆放高度不得高于 0.5 m。往槽、坑、沟内运石料及其他物质时，应用溜槽或吊运，下方严禁有人停留。

（9）墙身砌体高度超过地坪 1.2 m 以上时，应搭设脚手架。

（10）砌石用的脚手架和防护栏板应经检查验收合格后，方可使用，施工中不得随意拆除或改动。

4. 填充墙砌体工程

（1）砌体施工脚手架要搭设牢固。

（2）外墙施工时，必须有外墙防护及施工脚手架，墙与脚手架间的间隙应封闭，以防高空坠物伤人。

（3）严禁站在墙上做画线、吊线、清扫墙面、支设模板等施工作业。

（4）在脚手架上，堆放普通砖不得超过 2 层。

（5）操作时精神要集中，不得嬉笑打闹，以防意外事故发生。

（6）现场实行封闭化施工，有效控制噪声、扬尘以及废物和废水的排放。

五、钢结构工程

钢结构工程的危险性主要有高处坠落、物体打击、起重机倾覆、吊装结构失稳等。

(一) 钢零件及钢部件加工安全技术

1. 一切材料、构件的堆放必须平整稳固,应放在不妨碍交通和吊装安全的地方,边角等余料及时清除。

2. 机械和工作台等设备的布置应便于安全操作,通道宽度不得小于 1 m。

3. 一切机械、砂轮、电动工具、气电焊等设备都必须设有安全防护装置。

4. 电气设备和电动工具,必须绝缘良好,露天电气开关要设防雨箱并加锁。

5. 凡是受力构件用电焊点固后,在焊接时不准在点焊处起弧,以防熔化塌落。

6. 焊接、切割锭钢、合金钢、非铁金属部件时,应采取防毒措施。接触焊件,必要时应用橡胶绝缘板或干燥的木板隔离,并隔离容器内的照明灯具。

7. 焊接、切割、气刨前,应清除现场的易燃易爆物品。离开操作现场前,应切断电源,锁好闸箱。

8. 在现场进行射线探伤时,周围应设警戒区,并挂"危险"标志牌,现场操作人员应背离射线 10 m 以外。在 30° 投射角范围内,一切人员要远离 50 m 以上。

9. 构件就位时应用撬棍拨正,不得用手扳或站在不稳固的构件上操作。严禁在构件下面操作。

10. 用撬杠拨正物件时,必须手压撬杠,禁止骑在撬杠上,不得将撬杠放在肋下,以免回弹伤人。在高空使用撬杠时不能向下使劲过猛。

11. 用尖头扳子拨正配合螺栓孔时,必须插入一定深度方能撬动构件,当发现螺栓孔不符合要求时,不得用手指塞入检查。

12. 保证电气设备绝缘良好。在使用电气设备时,首先,应该检查是否有保护接地,接好保护接地后再进行操作。再次,电线的外皮,电焊钳的手柄,以及一些电动工具都要保证有良好的绝缘。

13. 带电体与地面、带电体之间、带电体与其他设备和设施之间,均需要保持一定的安全距离。常用的开关设备的安装高度应为 1.3~1.5 m。起重吊装的索具、重物等与导线的距离不得小于 1.5 m(电压在 4 kV 及其以下)。

14. 工地或车间的用电设备,一定要按要求设置熔断器、断路器、漏电开关等器件。如熔断器的熔丝熔断后,必须查明原因,由电工更换,不得随意加大熔丝断面或用铜丝代替。

15. 手持电动工具，必须加装漏电开关，在金属容器内施工时，必须采用安全低电压。

16. 推拉闸刀开关时，一般应戴好干燥的胶皮手套，头部要偏斜，以防推拉开关时被电火花灼伤。

17. 使用电气设备时操作人员必须穿胶底鞋和戴胶皮手套，以防触电。

18. 工作中，当有人触电时，不要赤手接触触电者，应该迅速切断电源，然后立即组织抢救。

（二）钢结构焊接工程安全技术

1. 电焊机要设单独的开关，开关应放在防雨的闸箱内，拉合闸时应戴手套侧向操作。

2. 焊钳与把线必须绝缘良好，连接牢固，更换焊条应戴手套。在潮湿地点工作时，应站在绝缘胶板或木板上。

3. 焊接预热工件时，应有石棉布或挡板等隔热措施。

4. 把线、地线禁止与钢丝绳接触，更不得用钢丝绳或机电设备代替零线。所有地线接头，必须连接牢固。

5. 更换场地移动把线时，应切断电源，并不得手持把线爬梯登高。

6. 清除焊渣、采用电弧气刨清根时，应戴防护眼镜或面罩，以防止铁渣飞溅伤人。

7. 多台焊机在一起集中施焊时，焊接平台或焊件必须接地，并应有隔光板。

8. 雷雨时，应停止露天焊接工作。

9. 施焊场地周围应清除易燃易爆物品，或进行覆盖、隔离。

10. 必须在易燃易爆气体或液体扩散区施焊时，应经有关部门检试许可后，方可施焊。

11. 工作结束后，应切断焊机电源，并检查操作地点，确认无起火危险后，方可离开。

（三）钢结构安装工程安全技术

1. 一般规定

（1）每台提升油缸上装有液压锁，以防油管破裂，重物下坠。

（2）液压和电控系统要采用连锁设计，以免提升系统由于误操作造成事故。

（3）控制系统具有异常自动停机、断电保护等功能。

（4）雨天或5级风以上停止提升。

（5）钢绞线在安装时，地面应划分安全区，以避免重物坠落，造成人员伤亡。

（6）在正式施工时，也应划定安全区，高空要有安全操作通道，并设有扶梯、栏杆。

（7）在提升过程中，应指定专人观察地锚、安全锚、油缸、钢绞线等的工作情况。若有异常，直接报告控制中心。

（8）施工过程中，要密切观察网架结构的变形情况。

（9）提升过程中，未经许可非作业人员不得擅自进入施工现场。

2. 防止高空坠落

（1）吊装人员应戴安全帽，高空作业人员应系好安全带，穿防滑鞋，带工具袋。

（2）吊装工作区应有明显标志，并设专人警戒，与吊装无关人员严禁入内。起重机工作时，起重臂杆旋转半径范围内，严禁站人。

（3）运输吊装构件时，严禁在被运输、吊装的构件上站人指挥和放置材料、工具。

（4）高空作业施工人员应站在操作平台或轻便梯子上工作。吊装屋架应在上弦设临时安全防护栏杆或采取其他安全措施。

（5）登高用梯子、吊篮时，临时操作台应绑扎牢靠，梯子与地面夹角以 60~70° 为宜，操作台跳板应铺平绑扎，严禁出现挑头板。

3. 防坠物伤人

（1）高空往地面运输物件时，应用绳捆好吊下。吊装时，不得在构件上堆放或悬挂零星物件。零星材料和物件必须用吊笼或钢丝绳、保险绳捆扎牢固，才能吊运和传递，不得随意抛掷材料物件、工具，防止滑脱伤人或意外事故。

（2）构件必须绑牢固，起吊点应通过构件的重心位置，吊升时应平稳，避免振动或摆动。

（3）起吊构件时，速度不应太快，不得在高空停留过久，严禁猛升猛降，以防构件脱落。

（4）构件就位后临时固定前，不得松钩、解开吊装索具。构件固定后，应检查连接牢固和稳定情况，在连接确实安全可靠时，方可拆除临时固定工具和进行下一步吊装。

（5）风雪天、霜雾天和雨期吊装时，高空作业应采取必要的防滑措施，如在脚手板、走道、屋面铺麻袋或草垫等。夜间作业应有充分的照明。

（6）设置吊装禁区，禁止与吊装作业无关的人员入内。地面操作人员，应尽量避免在高空作业正下方停留、通过。

4. 防止起重机倾翻

（1）起重机行驶的道路，必须平整、坚实、可靠，停放地点必须平坦。

（2）起重吊装指挥人员和起重机驾驶人员必须经考试合格持证上岗。

（3）吊装时，指挥人员应位于操作人员视力能及的地点，并能清楚地看到吊装的全过程。起重机驾驶人员必须熟悉信号，并按指挥人员的各种信号进行操作，不得擅自离开工作岗位，要遵守现场秩序，服从命令听指挥。指挥信号应事先统一规定，发出的信号要鲜明、准确。

（4）在风力等于或大于 6 级时，禁止在露天进行起重机移动和吊装作业。

（5）当所要起吊的重物不在起重机起重臂顶的正下方时，禁止起吊。

（6）起重机停止工作时，应刹住回转和行走机构，关闭和锁好司机室门。吊钩上不得悬挂构件，并升到高处，以免摆动伤人和造成吊车失稳。

5. 防止吊装结构失稳

（1）构件吊装应按规定的吊装工艺和程序进行，未经计算和可靠的技术措施，不得随意改变或颠倒工艺程序安装结构构件。

（2）构件吊装就位，应经初校和临时固定或连接可靠后方可卸钩，最后固定后才可拆除临时固定工具。高宽比很大的单个构件，未经临时或最后固定组成稳定单元体系前，应设溜绳或斜撑拉（撑）固。

（3）构件固定后不得随意撬动或移动位置，如须重校时，必须回钩。

（4）多层结构吊装或分节柱吊装时，应吊装完一层（或一节柱）将下层（下节）灌浆固定后，方可安装上层或上一节柱。

（四）压型金属板工程安全技术

1. 压型钢板施工时两端要同时拿起，轻拿轻放，避免滑动或翘头，施工剪切下来的料头要放置稳妥，随时收集，避免坠落。非施工人员禁止进入施工楼层，避免焊接弧光灼伤眼睛或晃眼造成摔伤，焊接辅助施工人员应戴墨镜配合施工。

2. 施工时下一楼层应有专人监控，防止其他人员进入施工区和焊接火花坠落造成失火。

3. 施工中工人不可聚集，以免集中荷载过大，造成板面损坏。

4. 施工的工人不得在屋面奔跑、打闹、抽烟和乱扔垃圾。

5. 当天吊至屋面上的板材应安装完毕。如果有未安装完的板材，则应做临时固定，以免被风刮下，造成事故。

6. 早上屋面易有露水，坡屋面上彩板面滑，应有特别的防护措施。

7. 现场切割过程中，切割机械的底面不宜与彩板面直接接触，最好垫上薄三合板材。

8. 吊装中不要将彩板与脚手架、柱子、砖墙等碰撞和摩擦。

9. 在屋面上施工的工人应穿胶底不带钉子的鞋。

10. 操作工人携带的工具等应放在工具袋中，如放在屋面上应放在专用的布或其他片材上。

11. 不得将其他材料散落在屋面上，或污染板材。

12. 板面铁屑要及时清理。板面在切割和钻孔中会产生铁屑,这些铁屑必须及时清除,不可过夜。因为铁屑在潮湿空气条件下或雨天中会立即锈蚀,在彩板面上形成一片片红色锈斑,附着于彩板面上,形成后很难清除。

13. 在用密封胶封堵缝时,应将附着面擦干净,以使密封胶在彩板上有良好的结合面。

14. 电动工具的连接插座应加防雨措施,避免造成事故。

(五) 钢结构涂装工程安全技术

1. 配制使用乙醇、苯、丙酮等易燃材料的施工现场,应严禁烟火和使用电炉等明火设备,并应配置消防器材。

2. 配制硫酸溶液时,应将硫酸慢慢注入水中,严禁将水注入酸中;配制硫酸乙酯时,应将硫酸慢慢注入酒精中,并充分搅拌,温度不得超过60℃,以防酸液飞溅伤人。

3. 防腐涂料的溶剂,常易挥发出易燃易爆的蒸汽,当达到一定浓度后,遇火易引起燃烧或爆炸,施工时应加强通风,降低积聚浓度。

4. 涂漆施工场地要有良好的通风,如在通风条件不好的环境涂漆时,必须安装通风设备。

5. 因操作不小心,涂料溅到皮肤上时,可用木屑加肥皂水擦洗;最好不用汽油或强溶剂擦洗,以免引起皮肤发炎。

6. 使用机械除锈工具清除锈层、工业粉尘、旧漆膜时,要戴上防护眼镜和防尘口罩,以避免眼睛受伤和粉尘吸入。

7. 在涂装对人体有害的漆料(如红丹的铅中毒、天然大漆的漆毒、挥发型漆的溶剂中毒等)时,应戴上防毒口罩、封闭式眼罩等保护用品。

8. 在喷涂硝基漆或其他挥发型易燃性较大的涂料时,严格遵守防火规则,严禁使用明火,以免失火或引起爆炸。

9. 高空作业和双层作业时,要戴安全帽;要仔细检查跳板、脚手杆子、吊篮、云梯、绳索、安全网等施工用具有无损坏、捆扎是否牢固、有无腐蚀或搭接不良等隐患;每次使用之前均应在平地上做起重试验,以防造成事故。

10. 不允许把盛装涂料、溶剂或用剩的漆罐开口放置;浸染涂料或溶剂的破布及废棉纱等物,必须及时清除;涂漆环境或配料房要保持清洁,出入通畅。

11. 施工场所的电线,要按防爆等级的规定安装;电动机的启动装置与配电设备,应该是防爆式的,要防止漆雾飞溅在照明灯泡上。

12. 操作人员涂漆施工时,若感觉头痛、心悸或恶心,应立即离开施工现场,到通风良好、空气新鲜的地方,若仍然感到不适,应速去医院,检查治疗。

六、起重吊装工程

起重吊装是指在施工现场对构件进行的拼装、绑扎、吊升、就位、临时固定、校正和永久固定的施工过程。起重吊装是一项危险性较大的建筑施工内容之一，操作不当会引起坍塌、机械伤害、物体打击和高处坠落等事故的发生。所以，作为建筑施工现场管理人员必须懂得起重吊装的安全技术要求。

（一）施工方案

1. 施工前必须编制专项施工方案。专项施工方案应包括现场环境、工程概况、施工工艺、起重机械的选型依据。土法吊装，还应有起重拔杆的设计计算、地锚设计、钢丝绳及索具的设计选用、地耐力与道路的要求、构件堆放就位图以及吊装过程中的各种防护措施等。

2. 施工方案必须针对工程状况和现场实际进行编制，具有指导性，并经过上级技术部门审批确认符合要求。

（二）起重机械安全技术

1. 起重机

（1）起重机运到现场重新安装后，应进行试运转试验和验收，确认符合要求并做好记录，有关人员在验收单上签署意见，签字手续齐全后，方可使用。

（2）起重机应具有市级有关部门定期核发的准用证。

（3）经检查确认安全装置（包括起重机超高限位器、力矩限制器、臂杆幅度指示器及吊钩保险装置）均应符合要求。当该机说明书中尚有其他安全装置时，应按说明书规定进行检查。

2. 起重拔杆

（1）起重拔杆的选用应符合作业工艺要求，拔杆的规格尺寸应有设计计算书和设计图纸，其设计计算应按照有关规范标准进行，并应经上级技术部门审批。

（2）拔杆选用的材料、截面以及组装形式，必须严格按设计图纸要求进行，组装后应经有关部门检验确认符合要求。

（3）拔杆组装后，应先进行检查和试吊，确认符合设计要求，并做好试吊记录。

（三）钢丝绳与地锚安全技术

1. 起重机使用的钢丝绳，其结构形式、规格、强度要符合该机型的要求，钢丝绳在卷筒上要连接牢固，按顺序整齐排列，当钢丝绳全部放出时，卷筒上至少要留 3 圈以上。

2. 起重钢丝绳磨损、断丝、变形、锈蚀应在规范允许范围内。如果超标，应按《起重机械安全规程第 1 部分：总则》的要求报废。断丝或磨损小于报废标准的应按比例折减承载能力。

3. 滑轮槽应光洁平滑，不得有损伤钢丝绳的缺陷。吊钩、卷筒、滑轮磨损应在规范允许范围内。

4. 吊钩、卷筒、滑轮应安装钢丝绳防脱装置。滑轮直径与钢丝绳直径的比值，不应小于 15，各组滑轮必须用钢丝绳牢靠固定。

5. 缆风绳应使用钢丝绳，其安全系数 K = 3.5，规格应符合施工方案要求，缆风绳应与地锚牢固连接。

6. 起重拔杆的缆风绳、地锚设置应符合设计要求。当移动拔杆时，也必须使用经过设计计算的正式地锚，不准随意拴在电杆、树木和构件上。

（四）索具与吊点安全技术

1. 索具

（1）当采用编结连接时，编结长度不应小于 15 倍的绳径，且不应小于 300 mm。

（2）当采用绳夹连接时，绳夹规格应与钢丝绳相匹配，绳夹数量、间距应符合规范要求。

（3）索具安全系数应符合相关规范要求。钢丝绳做吊索时，其安全系数为 6~8。

（4）吊索规格应互相匹配，机械性能应符合设计要求。

2. 吊点

（1）吊装构件或设备时的吊点应符合设计规定。根据重物的外形、重心及工艺要求选择吊点，并在方案中进行规定。

（2）重物应垂直起吊，禁止斜吊。吊点是在重物起吊、翻转、移位等作业中必须使用的，吊点选择应与重物的重心在同一垂直线上，且吊点应在重心之上（吊点与重物重心的连线和重物的横截面成垂直关系）。

（3）当采用几个吊点起吊时，应使各吊点的合力作用点在重物重心的位置之上。

（4）必须正确计算每根吊索的长度，使重物在吊装过程中始终保持稳定位置。

（五）作业环境与作业人员安全技术

1. 作业环境

（1）作业道路应平整坚实，一般情况纵向坡度不大于 3%，横向坡度不大于 1%。行驶或停放时，应与沟渠、基坑保持5 m以上距离，且不得停放在斜坡上。

（2）起重机作业现场地面承载能力应符合起重机说明书规定。当现场地面承载能力不满足规定时，可采用铺设路基箱等方式提高承载力。

（3）起重机与架空线路的安全距离应符合国家现行标准《起重机安全规程第1部分：总则》的规定。

2. 作业人员

（1）起重机司机属特种作业人员，必须经过专门培训，取得特种作业资格，持证上岗。作业人员的操作证应与操作机型相符。

（2）作业前，应按规定对所有作业人员进行安全技术交底，并应有交底记录。

（3）司机应遵照制造商说明书和安全工作制度负责起重机的安全操作。除接到停止信号外，在任何时候都只应服从指挥人员发出的可明显识别的信号。

（4）起重机作业应设专职信号指挥和司索人员，一人不得同时兼顾信号指挥和司索作业。

（5）起重机的信号指挥人员应经正式培训考核并取得合格证书，其信号操作应符合现行国家标准《起重吊运指挥信号》的规定。

（6）在起重机械工作中，如果把指挥起重机械安全运行和载荷搬运的工作职责移交给其他有关人员，指挥人员应向司机说明情况。而且司机和被移交者应明确其应负的责任。

（六）起重吊装与高处作业安全技术

1. 当多台起重机同时起吊一个构件时，单台起重机所承受的荷载应符合专项施工方案要求。

2. 吊索系挂点应符合专项施工方案要求。

3. 严格遵守起重吊装"十不吊"规定。

4. 高处作业必须按规定设置作业平台。

5. 作业平台防护栏杆不应少于两道，其高度和强度应符合相关规范要求。

6. 攀登用爬梯的构造、强度应符合相关规范要求。

7. 安全带应悬挂在牢固的结构或专用固定构件上，并应高挂低用。

（七）构件码放与警戒监护安全技术

1. 构件码放

（1）构件码放场地应平整压实，周围必须设排水沟。构件码放荷载应在作业面承载能力允许范围内。

（2）构件应根据制作、吊装平面规划位置，按类型、编号、吊装顺序、方向依次配套码放，避免二次倒运。

（3）构件应按设计支承位置堆放平稳，底部应设置垫木。对不规则的柱、梁、板应专门分析确定支承和加垫方法。

（4）重叠码放的构件应采用垫木隔开，上、下垫木应在同一垂线上，物件码放高度应在规定允许范围内：柱不宜超过 2 层，梁不宜超过 3 层，大型屋面板不宜超过 6 层，圆孔板不宜超过 8 层。其他物件临时堆放处离楼层边缘不应小于 1 m，堆放高度不得超过 1 m。堆垛间应留 2 m 宽的通道。

（5）大型物件码放应有保证稳定的措施。屋架、薄腹梁等重心较高的构件，应直立放置，除设支承垫木外，应于其两侧设置支撑使其稳定，支撑不得少于 2 道。装配式大板应采用插放法或背靠堆放，堆放架应经设计计算确定。

2. 警戒监护

（1）起重吊装作业前，应根据施工组织设计要求划定危险作业警戒区域，划定警戒线，悬挂或张贴明显的警戒标志，防止无关人员进入。

（2）除设置标志外，还应视现场作业环境，专门设置监护人员进行专人警戒，防止高处作业或交叉作业时造成的落物伤人事故。

第三节 屋面及装饰装修工程

一、屋面工程

屋面工程的危险性主要有高处坠落、物体打击、火灾、中毒等。

（一）屋面工程安全技术的一般规定

1. 屋面施工作业前，无女儿墙的屋面的周围边沿和预留孔洞处，工程安全管理（PPT）必须按"洞口、临边"防护规定进行安全防护。施工中由临边向内施工，严禁由内向外施工。

2. 施工现场操作人员必须戴好安全帽，防水层和保温层施工人员禁止穿硬底和带钉子的鞋。

3. 易燃材料必须贮存在专用仓库或专用场地，应设专人进行管理。

4. 库房及现场施工隔汽层、保温层时，严禁吸烟和使用明火，并配备消防器材和灭火设施。

5. 屋面材料垂直运输或吊运中应严格遵守相应的安全操作规程。

6. 屋面没有女儿墙，在屋面上施工作业时，作业人员应面对檐口，由檐口往里施工，以防不慎坠落。

7. 清扫垃圾及砂浆拌和物过程中，避免灰尘飞扬。建筑垃圾，特别是有毒有害物质，应按时定期地清理并运送到指定地点。

8. 屋面施工作业时，绝对禁止从高处向下乱扔杂物，以防砸伤他人。

9. 雨雪、大风天气应停止作业，待屋面干燥和风停后，方可继续工作。

（二）柔性防水屋面施工安全技术

1. 溶剂型防水涂料易燃有毒，应存放于阴凉、通风、无强烈日光直晒、无火源的库房内，并备有消防器材。

2. 使用溶剂型防火涂料时，施工人员应穿工作服、工作鞋、戴手套。操作时若皮肤上沾上涂料，应及时用沾有相应溶剂的棉纱擦除，再用肥皂和清水洗净。

3. 卷材作业时，作业人员操作应注意风向，防止下风方向作业人员中毒或烫伤。

4. 屋面防水层作业过程中，操作人员若发生恶心、头晕、过敏等情况时，应立即停止操作。

5. 屋面铺贴卷材时，四周应设置 1.2 m 高的围栏，靠近屋面四周沿边应侧身操作。

（三）刚性防水屋面施工安全技术

1. 浇筑混凝土时，混凝土不得集中堆放。

2. 水泥、砂、石、混凝土等材料运输过程中，不得随处溢洒，及时清扫撒落的材料，保持现场环境整洁。

3. 混凝土振捣器使用前，必须经电工检验确认合格后，方可使用。开关箱必须装设漏电保护器，插头应完好无损，电源线不得破皮漏电，操作者必须穿绝缘鞋（胶鞋），戴绝缘手套。

二、抹灰饰面工程

（一）抹灰饰面工程的事故隐患

抹灰饰面工程较易发生高处坠落、物体打击等事故。抹灰饰面工程的事故隐患主要包括以下内容：

1. 往窗口下随意乱抛杂物。

2. 活动架子移动时架上有人员作业。

3. 喷浆设备使用前未按要求使用防护用品。

4. 顶板批嵌时不戴防护眼镜。

5. 喷射砂浆设备的喷头疏通时不关机，喷头疏通时对人。

6. 在架子上乱扔粉刷工具和材料。

7. 梯子有缺档。

8. 利用梯子行走。

9. 人站在人字梯最上一层施工。

10. 人字扶梯无连接绳索、下部无防滑措施。

11. 两人在梯子上同时施工。

12. 单面梯子使用时与地面夹角不符合要求。

13. 梯子下脚垫高使用。

14. 室内粉刷使用的登高搭设不平稳。

15. 室内的登高搭设脚手板高度大于 2 m。

16. 搭设的活动架子不牢固不平稳。

17. 登高脚手板搁置在门窗管道上。

18. 外墙面粉刷施工前未对外脚手进行检查。

19. 喷射砂浆设备使用前未进行检查。

20. 料斗上料时无专人指挥专人接料。

21. 随意拆除脚手架上的安全设施。

22. 脚手板搭设的单跨跨度大于 2 m。

23. 人字梯未用橡胶包脚使用。

(二) 抹灰饰面工程安全技术

1. 墙面抹灰的高度超过 1.5 m 时，要搭设脚手架或操作平台，大面积墙面抹灰时，要搭设脚手架。

2. 搭设抹灰用高大架子必须有设计和施工方案，参加搭架子的人员，必须经培训合格，持证上岗。

3. 高大架子必须经相关安全部门检验合格后，方可开始使用。

4. 施工操作人员严禁在架子上打闹、嬉戏，使用的灰铲、刮杠等不要乱丢、乱扔。

5. 遇有恶劣气候（如风力在 6 级以上），影响安全施工时，禁止高空作业。

6. 提拉灰斗的绳索要结实牢固，防止绳索断裂，灰斗坠落伤人。

7. 施工作业中尽可能避免交叉作业，抹灰人员不要在同一垂直面上工作。

8. 施工现场的脚手架、防护设施、安全标志和警告牌，不得擅自拆动，须拆动时，应经施工负责人同意，并由专业人员加固后拆动。

9. 乘人的外用电梯、吊笼应有可靠的安全装置，禁止人员随同运料吊篮、吊盘上下。

10. 对安全帽、安全网、安全带要定期检查，不符合要求的严禁使用。

11. 外墙贴面砖施工前先要由专业架子工搭设装修用外脚手架，经验收合格后才能使用。

12. 操作人员进入施工现场必须戴好安全帽，系好风紧扣。

13. 高空作业必须佩戴安全带，上架子作业前必须检查脚手板搭放是否安全可靠，确认无误后方可上架进行作业。

14. 上架工作衣着要轻便，禁止穿硬底鞋、拖鞋、高跟鞋，并且架子上的人不得集中在一块，严禁从上往下抛掷杂物。

15. 脚手架的操作面上不可堆积过量的面砖和砂浆。

16. 施工现场临时用电线路必须按用电规范布设，严禁乱接乱拉，远距离电缆线不得随地乱拉，必须架空固定。

17. 小型电动工具，必须安装漏电保护装置，使用时，应经试运转合格后方可操作。

18. 电器设备应有接地、接零保护。现场维护电工应持证上岗。非维护电工不得乱接电源。

19. 电源、电压须与电动机具的铭牌电压相符。电动机具移动时，应先断电后移动。下班或使用完毕必须拉闸断电。

20. 施工时必须按施工现场安全技术交底施工。

21. 施工现场严禁扬尘作业，清理打扫时，必须洒少量水湿润后方可打扫，并注意对成品的保护，废料及垃圾必须及时清理干净，装袋运至指定堆放地点，堆放垃圾处必须进行围挡。

22. 切割石材的临时用水，必须有完善的污水排放措施。

23. 用滑轮和绳索提拉水泥砂浆时，滑轮一定要固定好，绳索要结实可靠，防止绳索断裂，坠物伤人。

24. 对施工中噪声大的机具，尽量在白天及夜晚 10：00 前操作，严禁噪声扰民。

25. 雨后、春暖解冻时，应及时检查外架子，防止沉陷，出现险情。

三、油漆涂料工程

（一）油漆涂料工程的事故隐患

油漆涂料工程的危险性主要是火灾、中毒、高处坠落、物体打击等。油漆涂料工程的事故隐患主要包括以下内容：

1. 高处作业无安全防护。

2. 室内照明和电器设备无防火措施。

3. 搭设的活动架子不牢固、不平稳。

4. 油漆仓库内使用"小太阳"高压灯。

5. 乱扔沾有易燃物的物件。

6. 脚手板搭设的单跨跨度大于 2 m。

7. 人站在人字梯最上一层施工。

8. 梯子使用上部不扎牢、下部无防滑措施。

9. 两人在梯子上同时施工。

10. 梯子有缺档。

11. 单面梯子使用时与地面夹角不符合要求。

12. 梯子下脚垫高使用。

13. 利用梯子行走。

14. 除锈喷涂时无安全防护措施。

15. 施工现场有人员动用明火。

16. 往窗口下随意乱抛杂物。

17. 导电体油漆施工未有接地措施。

18. 油漆仓库未配备灭火器材。

19. 施工场地无通风设备。

（二）油漆涂料工程安全技术

1. 作业高度超过 2 m，应按规定搭设脚手架。施工前要检查是否牢固。

2. 涂装施工前，应集中工人进行安全教育，并进行书面交底。

3. 施工现场严禁设涂装材料仓库。场外的涂装仓库应有足够的消防设施，并且设有严禁烟火的安全标语。

4. 墙面涂料高度超过 1.5 m 时，要搭设马凳或操作平台。

5. 涂刷作业时操作工人应佩戴相应的保护用品，例如，防毒面具、口罩、手套等，以免危害工人的健康。

6. 严禁在民用建筑工程室内，用有机溶剂清洗施工用具。

7. 涂料使用后，应及时封闭存放，废料应及时清出室内。施工时，室内应保持良好通风，但是不宜有过堂风。

8. 民用建筑工程室内装修中，进行饰面人造木板拼接施工时，除芯板为 A 类外，应对其断面及无饰面部位进行密封处理（如采用环保胶类腻子等）。

9. 遇有上下立体交叉作业时，作业人员不得在同一垂直方向上操作。

10. 涂装窗子时，严禁站在或骑在窗槛上操作，以防槛断人落。刷外开窗扇漆时，应将安全带挂在牢靠的地方。刷封檐板时，应利用外装修架或搭设挑架进行。

11. 现场清扫应设专人洒水，不得有扬尘污染。打磨粉尘应用湿布擦净。

12. 涂刷作业过程中，操作人员如感头痛、恶心、胸闷或心悸时，应立即停止作业，到户外呼吸新鲜空气。

13. 每天收工后，应尽量不剩涂装材料，剩余涂装材料不准乱倒，应收集后集中处理。废弃物（如废油桶、油刷、棉纱等）按环保要求分类消纳。

四、门窗及吊顶工程

（一）门窗工程安全技术

1. 安装门窗框、扇作业时，操作人员不得站在窗台和阳台栏板上作业。当门窗临时固定，封填材料尚未达到其应有强度时，不准手拉门、窗进行攀登。

2. 安装两层楼以上外墙窗扇，应设置脚手架和安全网，如外墙无脚手架和安全网时，必须挂好安全带。安装窗扇的固定扇，必须钉牢固。

3. 使用手提电钻操作，必须配戴绝缘胶手套。机械生产和圆锯锯木，一律不得戴手套操作，并必须遵守用电和有关机械安全的操作规程。

4. 操作过程中如遇停电、抢修或因事离开岗位时，除对本机关掣外，并应将闸掣拉开，切断电源。

5. 使用电动螺钉旋具、手电钻、冲击钻、曲线锯等必须选用Ⅱ类手持式电动工具，每季度至少全面检查一次，确保使用安全。

6. 凡使用机械操作，在开机时，必须挥手扬声示意，方可接通电源，并不准使用金属物体合闸。

7. 使用特种钢钉应选用重量大的锤头，操作人员应戴防护眼镜。为防止钢钉飞跳伤人，可用钳子夹住再行敲击。

（二）吊顶工程安全技术

1. 无论是高大工业厂房的吊顶还是普通住宅房间的吊顶均属于高处作业，因此，作业人员要严格遵守高处作业的有关规定，严防发生高处坠落事故。

2. 吊顶的房间或部位要由专业架子工搭设满堂红脚手架，脚架的临边处设两道防护栏杆和一道挡脚板，吊顶人员站在脚手架操作面上作业，操作面必须铺满脚手板。

3. 吊顶的主、副龙骨与结构面要连接牢固，防止吊顶脱落伤人。

4. 吊顶下方不得有其他人员来回行走，以防掉物伤人。

5. 作业人员要穿防滑鞋，行走及材料的运输要走马道，严禁从架管爬上、爬下。

6. 作业人员使用的工具要放在工具袋内，不要乱丢、乱扔。同时，高空作业人员禁止从上向下投掷物体，以防砸伤他人。

7. 作业人员使用的电动工具要符合安全用电要求，如需用电焊的地方必须由专业电焊工施工。

五、玻璃幕墙工程

（一）玻璃幕墙工程的事故隐患

玻璃幕墙工程的事故隐患主要包括以下内容：

1. 密封材料施工中没有严禁烟火。

2. 幕墙施工未在作业下方设置竖向安全平网。

3. 手持电动工具未在使用前检验绝缘性能的可靠性。

4. 玻璃吸盘安装机和手持式吸盘未检验吸附性能的可靠性。

5. 强风大雨时不及时停止幕墙安装作业。

6. 可能停电的情况下未及时停止幕墙的安装作业。

7. 施工人员未佩戴合乎要求的防护用品。

8. 吊篮的使用未经劳动部门安全认证。

9. 各种工具没有高空的存放袋。

10. 与其他安装施工交叉作业时未在作业面之间设置防护棚。

11. 暴风时没有做好吊篮脚手架的加固工作。

12. 现场焊接作业未在焊件下方设接火装置，没有专人监护。

（二）铝合金玻璃幕墙工程安全技术

1. 安装时使用的焊接机械及电动螺钉旋具、手电钻、冲击电钻、曲线锯等手持式电动工具，应按照相应的安全交底操作。

2. 铝合金幕墙安装人员应经专门安全技术培训，考核合格后方能上岗操作。施工前要详细进行安全技术交底。

3. 幕墙安装时操作人员应在脚手架上进行，作业前必须检查脚手架是否牢靠，脚手板有否空洞或探头等，确认安全可靠后方可作业。高处作业时，应按照相关的高处作业安全交底要求进行操作。

4. 使用天那水清洁幕墙时，室内要通风良好，戴好口罩，严禁吸烟，周围不准有火种。沾有天那水的棉纱、布应收集在金属容器内，并及时处理。

第二章　脚手架与模板工程安全

脚手架是建筑工程施工中的重要临时设施，是在施工现场为安全防护、工艺操作以及解决楼层间少量垂直和水平运输而搭设的支架。在结构施工，装修施工和设备管道的安装施工中，都需要按照操作要求搭设脚手架。脚手架的搭设质量对施工人员的人身安全、工程进度、工程质量有直接的关系。脚手架是施工作业中必不可少的设备，且占用施工企业大量流动资金，是企业经济管理与安全管理工作中的重要环节。

第一节　脚手架工程安全

一、脚手架工程安全技术

脚手架应能够确保安全，满足施工要求，并符合国家技术经济政策的要求。脚手架的设计、施工、使用及管理，包含对脚手架安全管理、搭设质量管理、日常使用维护管理和对脚手架材料、构配件的保养管理等。各类脚手架的设计、搭设、拆除、管理等应符合《建筑施工扣件式钢管脚手架安全技术规范》《建筑施工碗扣式钢管脚手架安全技术规范》《建筑施工承插型盘扣式钢管支架安全技术规程》《建筑施工门式钢管脚手架安全技术标准》和《建筑施工工具式脚手架安全技术规范》的规定，还应符合《建筑施工脚手架安全技术统一标准》等现行国家标准和有关行业标准的规定。

脚手架的搭设和拆除作业是一项技术性、安全性要求很高的工作，专项施工方案是指导脚手架搭拆作业的技术文件。如果无专项施工方案而盲目进行脚手架的搭拆作业，则极易引发安全事故。在脚手架搭设和拆除作业前，应根据工程特点编制专项施工方案，并应经审批后组织实施。编制专项施工方案的目的，是要求在脚手架搭设和拆除作业前，根据工程的特点对脚手架搭设和拆除进行设计和计算，编制出指导施工作业的技术文件，并按其组织实施。根据工程特点是指编制的专项施工方案应符合工程实际，满足施工要求和安全承载、安全防护要求；应根据工程结构形状、构造、总荷载、施工条件、环境条件等因素，经过设计和计算确定脚手架搭设和拆除施工方案。

脚手架的构造设计应能保证脚手架结构体系的稳定。脚手架是由多个稳定结构单元组成的。对于作业脚手架，是由按计算和构造要求设置的连墙件和剪刀撑、斜撑杆、连墙件等将架体分割成若干个相对独立的稳定结构单元，这些相对独立的稳定结构单元牢固连接组成了作业脚手架。对于支撑脚手架，是由按构造要求设置的竖向（纵、横）和水平剪刀撑、斜撑杆及其他加固件将架体分割成若干个相对独立的稳定结构单元，这些相对独立的稳定结构单元牢固连接组成了支撑脚手架。只有当架体是由多个相对独立的稳定结构单元体组成时，才可能保证脚手架是稳定结构体系。

脚手架是根据施工需要而搭设的施工作业平台，必须具有规定的性能。脚手架的设计、搭设、使用和维护应能承受设计荷载；结构应稳固，不得发生影响正常使用的变形；应满足使用要求，具有安全防护功能；在使用中，脚手架结构性能不得发生明显改变；当遇意外作用或偶然超载时，不得发生整体破坏；脚手架所依附、承受的工程结构不应受到损害。脚手架应构造合理、连接牢固、搭设与拆除方便、使用安全可靠。

（一）脚手架构造要求

脚手架的构造和组架工艺应能满足施工需求，并应保证架体牢固、稳定。脚手架杆件连接节点应满足其强度和转动刚度要求，应确保架体在使用期内安全，节点无松动。连接节点的强度、刚度，一般是指水平杆与立杆连接节点的抗滑移承载力、水平杆与立杆连接节点竖向抗压承载力、水平杆与立杆连接节点水平抗拉承载力和水平抗压承载力、水平杆与立杆连接节点转动刚度、立杆对接节点的抗压承载力和抗压稳定承载力，以及抗拉承载力等。节点无松动是要求在脚手架使用期间，杆件连接节点不得出现由于施工荷载的反复作用而发生松动。不同种类的脚手架，其杆件连接方式存在着一定差异，但无论何种类脚手架均应满足此原则要求。

脚手架所用杆件、节点连接件、构配件等应能配套使用，并应能满足各种组架方法和构造要求。脚手架的材料、构配件、设备配套，一般是指脚手架的各类杆件、构配件规格型号配套；杆件与连接件配套；安全防护设施、装置与架体配套；索具吊具、设备与架体使用功能、荷载配套；底座、托座、支座等承力构件与架体结构及立杆、承载力配套；等等。

脚手架的竖向和水平剪刀撑应根据其种类、荷载、结构和构造设置，剪刀撑斜杆应与相邻立杆连接牢固；可采用斜撑杆、交叉拉杆代替剪刀撑。脚手架竖向、水平剪刀撑的设置因其品种不同而采用不同的构造设置，比如，扣件式脚手架一般均采用大剪刀撑，盘扣式脚手架一般采用斜撑杆，键槽承插式脚手架一般采用交叉拉杆。大剪刀撑与斜撑杆或交叉拉杆可按功能等效及斜撑杆、交叉拉杆与大剪刀撑斜杆覆盖面积相当的原则相互替代。剪刀撑的间距、布置方式与脚手架搭设的高度、结构和构造、荷载等因素有关，应根据实际情况选择。

1. 作业脚手架

（1）作业脚手架的宽度不应小于 0.8 m，且不宜大于 1.2 m。作业层高度不应小于 1.7 m，且不宜大于 2.0 m。

（2）作业脚手架应按设计计算和构造要求设置连墙件，连墙件应采用能承受压力和拉力的构造，并应与建筑结构和架体连接牢固；连墙点的水平间距不得超过 3 跨，竖向间距不得超过 3 步，连墙点之上架体的悬臂高度不应超过 2 步；在架体的转角处、开口型作业脚手架端部应增设连墙件，连墙件的垂直间距不应大于建筑物层高，且不应大于 4.0 m。

（3）在作业脚手架的纵向外侧立面上应设置竖向剪刀撑，每道剪刀撑的宽度应为 4~6 跨，且不应小于 6 m，也不应大于 9 m；剪刀撑斜杆与水平面的倾角应在 45°~60°；搭设高度在 24 m 以下时，应在架体两端、转角及中间每隔不超过 15 m 各设置一道剪刀撑，并由底至顶连续设置；搭设高度在 24 m 及以上时，应在全外侧立面上由底至顶连续设置；悬挑脚手架、附着式升降脚手架应在全外侧立面上由底至顶连续设置。

（4）当采用竖向斜撑杆、竖向交叉拉杆替代作业脚手架竖向剪刀撑时，在作业脚手架的端部、转角处应各设置一道；搭设高度在 24 m 以下时，应每隔 5~7 跨设置一道；搭设高度在 24 m 及以上时，应每隔 1~3 跨设置一道；相邻竖向斜撑杆应朝向对称呈"八"字形设置；每道竖向斜撑杆、竖向交叉拉杆应在作业脚手架外侧相邻纵向立杆间，由底至顶按步连续设置。

（5）作业脚手架底部立杆上应设置纵向和横向扫地杆。一般在距地面 200 mm 的位置设置纵向扫地杆，横向扫地杆紧靠纵向扫地杆下方设置。设置扫地杆具有两方面的作用：一是增强架体的整体性；二是减小底部立杆的计算长度。

（6）悬挑脚手架立杆底部应与悬挑支承结构可靠连接，应在立杆底部设置纵向扫地杆，并应间断设置水平剪刀撑或水平斜撑杆。悬挑脚手架的悬挑支承结构设置应经过设计计算确定，不可随意布设。悬挑脚手架上部架体的搭设与一般落地作业脚手架基本相同，重点是底部悬挑支承结构的安装应牢固，不得侧倾或晃动。在底部立杆上设置纵向扫地杆和间断设置水平剪刀撑或水平斜撑，是为了防止悬挑支承结构纵向晃动。

（7）附着式升降脚手架，竖向主框架、水平支承桁架应采用桁架或刚架结构，杆件应采用焊接或螺栓连接；应设有防倾、防坠、超载、失载、同步升降控制装置，各类装置应灵敏可靠；在竖向主框架所覆盖的每个楼层均应设置一道附墙支座；每道附墙支座应能承担该机位的全部荷载；在使用工况时，竖向主框架应与附墙支座可靠固定；当采用电动升降设备时，电动升降设备连续升降距离应大于一个楼层高度，并应有可靠的制动和定位功能；防坠落装置与升降设备的附着固定应分别设置，不得固定在同一附着支座上。

（8）作业脚手架的作业层上应铺满脚手板，并应采取可靠的连接方式与水平杆固定。当作业层边缘与建筑物间隙大于 150 mm 时，应采取防护措施。作业层外侧应设置栏杆和挡脚板。特别应注意的是作业层边缘与建筑物之间的间隙如果大于 150 mm 时，极易发生坠落事故，应采取封闭防护措施。作业层外侧的防护栏杆应设置两道，上道栏杆安装高度为 1.2 m，下道栏杆居中布置。挡脚板应设在距作业层面 180 mm 高的位置。栏杆、挡脚板应与立杆固定牢固。

2. 支撑脚手架

（1）支撑脚手架的立杆间距和步距应按设计计算确定，且间距不宜大于 1.5 m，步距不应大于 2.0 m。支撑脚手架独立架体高宽比不应大于 3.0。支撑脚手架的立杆纵向和横向间距过大时，会明显降低杆端约束作用而使支撑脚手架的承载能力降低。支撑脚手架的高宽比是指其高度与宽度（架体平面尺寸中的短边）的比。支撑脚手架高宽比的大小，对架体的侧向稳定和承载力影响很大，随着架体高宽比的增大，架体的侧向稳定变差，架体的承载力也明显降低。

（2）当有既有建筑结构时，支撑脚手架应与既有建筑结构可靠连接，连接点至架体主节点的距离不宜大于 300 mm，应与水平杆同层设置，连接点竖向间距不宜超过 2 步；连接点水平向间距不宜大于 8 m。对于各种支撑脚手架，应首选采用连墙件、抱箍等连接方式将架体与既有建筑结构连接，这样可大幅度增强支撑脚手架的侧向稳定。

（3）支撑脚手架应设置竖向剪刀撑。安全等级为 II 级的支撑脚手架应在架体周边、内部纵向和横向每隔不大于 9 m 设置一道；安全等级为 I 级的支撑脚手架应在架体周边、内部纵向和横向每隔不大于 6 m 设置一道；竖向剪刀撑斜杆间的水平距离宜为 6~9 m，剪刀撑斜杆与水平面的倾角应为 45°~60°。

（4）当采用竖向斜撑杆、竖向交叉拉杆代替支撑脚手架竖向剪刀撑时，安全等级为 II 级的支撑脚手架应在架体周边、内部纵向和横向每隔 6~9 m 设置一道；安全等级为 I 级的支撑脚手架应在架体周边、内部纵向和横向每隔 4~6 m 设置一道。每道竖向斜撑杆、竖向交叉拉杆可沿支撑脚手架纵向、横向每隔 2 跨在相邻立杆间从底至顶连续设置；也可沿支撑脚手架竖向每隔 2 步距连续设置。斜撑杆可采用八字形对称布置。支撑脚手架上的荷载标准值大于 30 kN/m² 时，可采用塔形桁架矩阵式布置，塔形桁架的水平截面形状及布局，可根据荷载等因素选择。

（5）支撑脚手架应设置水平剪刀撑，安全等级为 II 级的支撑脚手架宜在架顶处设置一道水平剪刀撑；安全等级为 I 级的支撑脚手架应在架顶、竖向每隔不大于 8 m 各设置一道水平剪刀撑；每道水平剪刀撑应连续设置，剪刀撑的宽度宜为 6~9 m。

（6）当采用水平斜撑杆、水平交叉拉杆代替支撑脚手架每层的水平剪刀撑时，安全等级为 II 级的支撑脚手架应在架体水平面的周边、内部纵向和横向每隔不大于 12 m 设置一道；安全等级为 I 级的支撑脚手架宜在架体水平面的周边、内部纵向和横向每隔不大于 8 m 设置一道；水平斜撑杆、水平交叉拉杆应在相邻立杆间连续设置。

（7）支撑脚手架剪刀撑或斜撑杆、交叉拉杆的布置应均匀、对称。

（8）支撑脚手架的水平杆应按步距沿纵向和横向通长连续设置，不得缺失。在支撑脚手架立杆底部应设置纵向和横向扫地杆，水平杆和扫地杆应与相邻立杆连接牢固。

（9）安全等级为Ⅰ级的支撑脚手架顶层两步距范围内架体的纵向和横向水平杆宜按减小步距加密设置。当支撑脚手架顶层水平杆承受荷载时，应经计算确定其杆端悬臂长度，并应小于150 mm。当支撑脚手架局部所承受的荷载较大，立杆须加密设置时，加密区的水平杆应向非加密区延伸不少于1跨；非加密区立杆的水平间距应与加密区立杆的水平间距互为倍数。

（10）支撑脚手架的可调底座和可调托座插入立杆的长度不应小于150 mm，其可调螺杆的外伸长度不宜大于300 mm。当可调托座调节螺杆的外伸长度较大时，宜在水平方向设有限位措施，其可调螺杆的外伸长度应按计算确定。

（11）当支撑脚手架同时满足下列条件时，可不设置竖向、水平剪刀撑：搭设高度小于5 m，架体高宽比小于1.5；被支承结构自重面荷载不大于5 kN/m²；线荷载不大于8 kN/m；杆件连接节点的转动刚度符合本标准要求；架体结构与既有建筑结构可靠连接；立杆基础均匀，满足承载力要求。

（12）满堂支撑脚手架应在外侧立面、内部纵向和横向每隔6~9 m由底至顶连续设置一道竖向剪刀撑；在顶层和竖向间隔不大于8 m处各设置一道水平剪刀撑，并应在底层立杆上设置纵向和横向扫地杆。可移动的满堂支撑脚手架搭设高度不应超过12 m，高宽比不应大于1.5。应在外侧立面、内部纵向和横向间隔不大于4 m由底至顶连续设置一道竖向剪刀撑；应在顶层、扫地杆设置层和竖向间隔不超过2步分别设置一道水平剪刀撑。应在底层立杆上设置纵向和横向扫地杆。可移动的满堂支撑脚手架应有同步移动控制措施。

（二）搭设与拆除安全要求

脚手架搭设和拆除作业应按专项施工方案施工。脚手架搭设作业前，应向作业人员进行安全技术交底。脚手架的搭设场地应平整、坚实，场地排水应顺畅，不应有积水。脚手架附着于建筑结构处的混凝土强度应满足安全承载要求。

1. 落地作业脚手架、悬挑脚手架的搭设应与工程施工同步，一次搭设高度不应超过最上层连墙件两步，且自由高度不应大于4 m；支撑脚手架应逐排、逐层进行搭设；剪刀撑、斜撑杆等加固杆件应随架体同步搭设，不得滞后安装；构件组装类脚手架的搭设应自一端向另一端延伸，自下而上按步架设，并应逐层改变搭设方向；每搭设完一步架体后，应按规定校正立杆间距、步距、垂直度及水平杆的水平度。

2. 作业脚手架连墙件的安装必须随作业脚手架搭设同步进行，严禁滞后安装；当作业脚手架操作层高出相邻连墙件2个步距及以上时，在上层连墙件安装完毕前，必须采取临时拉结措施。

3. 悬挑脚手架、附着式升降脚手架在搭设时，其悬挑支承结构、附着支座的锚固和固定应牢固可靠。附着式升降脚手架组装就位后，应按规定进行检验和升降调试，符合要求后方可投入使用。

4. 脚手架架体的拆除应从上而下逐层进行，严禁上下同时作业；同层杆件和构配件必须按先外后内的顺序拆除；剪刀撑、斜撑杆等加固杆件必须在拆卸至该杆件所在部位时再拆除；作业脚手架连墙件必须随架体逐层拆除，严禁先将连墙件整层或数层拆除后再拆架体。拆除作业过程中，当架体的自由端高度超过 2 个步距时，必须采取临时拉结措施。

5. 模板支撑脚手架的安装与拆除作业应符合现行国家标准《混凝土结构工程施工规范》的规定。

6. 脚手架的拆除作业不得重锤击打、撬别。拆除的杆件、构配件应采用机械或人工运至地面，严禁抛掷。

7. 当在多层楼板上连续搭设支撑脚手架时，应分析多层楼板间荷载传递对支撑脚手架、建筑结构的影响，上、下层支撑脚手架的立杆宜对位设置。

8. 脚手架在使用过程中应分阶段进行检查、监护、维护、保养。

（三）脚手架质量控制

施工现场应建立健全脚手架工程的质量管理制度和搭设质量检查验收制度。脚手架工程重大安全事故的发生，绝大多数是因为在搭设时使用了不合格材料、构配件，搭设施工质量不符合现行国家标准和专项施工方案规定；究其原因，均与施工现场没有建立脚手架工程的质量管理制度，对脚手架材料、构配件及搭设施工质量没有严格检查验收有关。对此，应给予足够的重视。

1. 脚手架工程中，对搭设脚手架的材料、构配件和设备应进行现场检验；脚手架搭设过程中应分步校验，并应进行阶段施工质量检查；在脚手架搭设完工后应进行验收，并应在验收合格后方可使用。

2. 搭设脚手架的材料、构配件和设备应按进入施工现场的批次分品种、规格进行检验，检验合格后方可搭设施工。新产品应有产品质量合格证，工厂化生产的主要承力杆件、涉及结构安全的构件应具有型式检验报告；材料、构配件和设备质量应符合本标准及国家现行相关标准的规定；按规定应进行施工现场抽样复验的构配件，应经抽样复验合格；周转使用的材料、构配件和设备，应经维修检验合格。

3. 在对脚手架材料、构配件和设备进行现场检验时，应采用随机抽样的方法抽取样品进行外观检验、实量实测检验、功能测试检验。按材料、构配件和设备的品种、规格应抽检 1%～3%，安全锁扣、防坠装置、支座等重要构配件应全数检验，经过维修的材料、构配件抽检比例不应少于3%。

4. 脚手架在搭设过程中和阶段使用前，应进行阶段施工质量检查，确认合格后方可进行下道工序施工或阶段使用。在下列阶段应进行阶段施工质量检查：搭设场地完工后及脚手架搭设前；附着式升降脚手架支座、悬挑脚手架悬挑结构固定后；首层水平杆搭设安装后；落地作业脚手架和悬挑作业脚手架每搭设一个楼层高度，阶段使用前；附着式升降脚手架在每次提升前、提升就位后和每次下降前、下降就位后；支撑脚手架每搭设2~4步或不大于6 m高度。脚手架在进行阶段施工质量检查时，应依据本标准及脚手架相关的国家现行标准的要求，采用外观检查、实量实测检查、性能测试等方法进行检查。

5. 在落地作业脚手架、悬挑脚手架、支撑脚手架达到设计高度后，附着式升降脚手架安装就位后，应对脚手架搭设施工质量进行完工验收。脚手架搭设施工质量合格判定应符合下列规定：所用材料、构配件和设备质量应经现场检验合格；搭设场地、支承结构件固定应满足稳定承载的要求；阶段施工质量检查合格，符合本标准及脚手架相关的国家现行标准、专项施工方案的要求；观感质量检查应符合要求；专项施工方案、产品合格证及型式检验报告、检查记录、测试记录等技术资料应完整。

二、脚手架工程安全管理

施工现场应建立脚手架工程施工安全管理体系和安全检查、安全考核制度。脚手架作为施工过程中的施工设施，既是人员集中的施工作业平台，又是施工和建筑材料等荷载的支撑体系，在现场使用的周期也比较长，易受施工环境、场地条件、施工进度等因素影响，也易受恶劣的自然天气和外力撞击等侵害。所以，对脚手架工程必须建立安全生产责任制，建立安全检查考核制度，应该对项目部、班组及各类人员的安全管理责任做出规定。

1. 脚手架工程搭设和拆除作业前，应审核专项施工方案；应查验搭设脚手架的材料、构配件、设备检验和施工质量检查验收结果；使用过程中，应检查脚手架安全使用制度的落实情况。

2. 脚手架的搭设和拆除作业应由专业架子工担任，并应持证上岗。

3. 搭设和拆除脚手架作业应有相应的安全设施，操作人员应佩戴个人防护用品，穿防滑鞋。

4. 脚手架在使用过程中，应定期进行检查，检查项目包括：主要受力杆件、剪刀撑等加固杆件、连墙件应无缺失、无松动，架体应无明显变形；场地应无积水，立杆底端应无松动、无悬空；安全防护设施应齐全、有效，应无损坏缺失；附着式升降脚手架支座应牢固，防倾、防坠装置应处于良好工作状态，架体升降应正常平稳；悬挑脚手架的悬挑支承结构应固定牢固。

5. 当脚手架遇有下列情况之一时，应进行检查，确认安全后方可继续使用：①遇有 6 级及以上强风或大雨过后；②冻结的地基土解冻后；③停用超过一个月；④架体部分拆除；⑤其他特殊情况。

6. 脚手架作业层上的荷载不得超过设计允许荷载。控制脚手架作业层的荷载，是脚手架使用过程中安全管理的重要内容，规定脚手架作业层上严禁超载的目的，是为了在脚手架使用中控制作业层上永久荷载和可变荷载的总和不应超过荷载设计值总和，保证脚手架使用安全。在脚手架专项施工方案设计时，是按脚手架的用途、搭设部位、荷载、搭设材料、构配件及设备等搭设条件选择脚手架的结构和构造，并通过设计计算确定了立杆间距、架体步距等技术参数，这也就确定了脚手架可承受的荷载总值。脚手架在使用过程中，永久荷载和可变荷载值总值不应超过荷载设计值，否则架体有倒塌的危险。

7. 严禁将支撑脚手架、缆风绳、混凝土输送泵管、卸料平台及大型设备的支承件等固定在作业脚手架上。严禁在作业脚手架上悬挂起重设备。在作业脚手架上固定支撑脚手架、拉缆风绳、固定架设混凝土输送泵管道等设施或设备，会使架体超载、受力不清晰、产生振动等，而危及作业脚手架的使用安全。作业脚手架是按正常使用的条件设计和搭设的，在作业脚手架的专项方案设计时，是未考虑也不可能考虑在作业脚手架上固定支撑脚手架、拉缆风绳、固定混凝土输送泵管、固定卸料平台等施工设施、设备的，因为如果一旦将支撑脚手架、缆风绳、混凝土输送泵管、卸料平台等设备、设施固定在作业脚手架，作业脚手架的相应部位承受多少荷载很难确定，会造成作业脚手架的受力不清晰、超载，且混凝土输送泵管、卸料平台等设备、设施对作业脚手架还有振动冲击作用。因此，应禁止危及作业脚手架安全的行为发生。

8. 雷雨天气、6 级及以上强风天气应停止架上作业，雨、雪、雾天气应停止脚手架的搭设和拆除作业，雨、雪、霜后上架作业应采取有效的防滑措施，并应清除积雪。

9. 作业脚手架外侧和支撑脚手架作业层栏杆应采用密目式安全网或其他措施全封闭防护。密目式安全网应为阻燃产品。作业脚手架临街的外侧立面、转角处应采取硬防护措施，硬防护的高度不应小于 1.2 m，转角处硬防护的宽度应为作业脚手架宽度。在脚手架作业层栏杆上设置安全网或采取其他措施封闭防护，是为了保证作业层操作人员安全，也是为了防止坠物伤人。根据近年脚手架火灾事故调查显示，脚手架上的安全防火越来越重要，因此，要求密目式安全网应为阻燃产品。硬防护措施，主要是为了防止落物伤人，避免尖硬物体穿透安全网。

10. 作业脚手架同时满载作业的层数不应超过 2 层，严格控制作业脚手架上的施工荷载不超过允许值。

11. 在脚手架作业层上进行电焊、气焊和其他动火作业时，应采取防火措施，并应设专人监护。脚手架作业层上可燃物较多，在主体施工时，作业层上常存放有模板、枋木等易燃材料；在装饰和涂装施工时，作业层上经常存放易燃装饰材料、油漆桶等。如果在动火作业时，不采取防火措施，极易引起火灾。因此，需要按要求设置接火斗、灭火器、将易燃物分离等防火措施，并设专人监护，以免发生火灾。

12. 在脚手架使用期间，立杆基础下及附近不宜进行挖掘作业。当因施工需要须进行挖掘作业时，应对架体采取加固措施。在脚手架使用期间，经常遇有须在脚手架搭设场地及附近开挖管沟、窨井等情况。如果在脚手架基础下及附近挖掘作业，会影响脚手架整体稳定，应采取必要的安全措施。

13. 在搭设和拆除脚手架作业时，应设置安全警戒线、警戒标志，并应派专人监护，严禁非作业人员入内。搭设和拆除脚手架作业的操作过程中，由于部分杆件、构配件是处于待紧固（已拆除待运走）的不稳定状态，极易落物伤人，因此，搭设拆除脚手架作业时，需要设置警戒线、警戒标志，并派专人监护，禁止非作业人员入内。

14. 脚手架与架空输电线路的安全距离、工地临时用电线路架设及脚手架接地、防雷措施，应按照《施工现场临时用电安全技术规范》执行。

15. 支撑脚手架在施加荷载的过程中，架体下严禁有人。当脚手架在使用过程中出现安全隐患时，应及时排除；当出现可能危及人身安全的重大隐患时，应停止架上作业，撤离作业人员，并应由工程技术人员组织检查、处置。在脚手架的使用过程中，经常遇有意外的情况，如部分架体或个别构件发生严重变形或架体出现某种异常情况。当架体出现可能危及人身安全的重大安全隐患时，其产生的原因比较复杂，可能是多种因素的叠加而产生的，因此，遇有此种情况时，应果断停止架上作业，由专业技术人员进行处置。千万不可采取边加固、边施工的做法，形成架体上部和架体下部都有作业人员的情况，这是极其危险的。对于支撑脚手架，在施加荷载的过程中，架体杆件处于受力变形的不稳定状态，此时架体下部有人是极不安全的。

第二节　模板工程安全

模板是使混凝土结构和构件按设计的位置、形状、尺寸浇筑成型的模型板。模板系统包括模板和支架两部分。模板工程是指对模板及其支架的设计、安装、拆除等技术工作的总称，也是混凝土结构工程的重要内容之一。模板在现浇混凝土结构施工中使用量大而广，一般工业与民用建筑中，平均 1 m^3 混凝土需用模板 7.4 m^2，模板费用约占混凝土工程费用的 34%，占工程用工量的 30%~40%，占工期的 50% 左右。模板工程安全事故占混凝土结构施工安全事故的 70% 以上。因此，正确选择模板的材料、类型和合理组织施工，对于保证工程质量，提高劳动生产率，降低工程成本，实现安全施工，都具有十分重要的意义。

一、模板工程概述

模板系统由模板和支撑两部分组成。模板是指与混凝土直接接触，使新浇筑混凝土成型，并使硬化后的混凝土具有设计所要求的形状和尺寸。支撑是保证模板形状、尺寸及其空间位置的支撑体系，它既要保证模板形状、尺寸和空间位置正确，又要承受模板传来的全部荷载。模板质量的好坏，直接影响到混凝土成型的质量；支架系统的好坏，直接影响到其他施工的安全。

（一）模板工程基础知识

1. 模板类型

（1）按所用的材料划分为木模板、钢模板、胶合板模板、钢木（竹）组合模板、塑料模板、玻璃钢模板、铝合金模板、压型钢板模板、装饰混凝土模板、预应力混凝土薄板模板等。

（2）按施工方法划分为装拆式模板、活动式模板、永久性模板等。装拆式模板由预制配件组成，现场组装，拆模后稍加清理和修理可再周转使用，常用的有木模板和组合钢模板及大型的工具式定型模板，如大模板、台模、隧道模等。活动式模板是指按结构的形状制作成工具式模板，组装后随工程的进展而进行垂直或水平移动，直至工程结束才拆除，如滑升模板、提升模板、移动式模板等。永久性模板则永久地附着于结构构件上，并与其成为一体，如压型钢板模板、预应力混凝土薄板模板等。

（3）按结构类型划分为基础模板、柱模板、梁模板、楼板模板、墙模板、楼梯模板、壳模板、烟囱模板、桥梁墩台模板等。

（4）按其类型不同可分为整体式模板、定型模板、滑升模板、工具式模板、台模等。整体式模板大多用于整体支模的框架类的建筑物。定型模板用定型尺寸制作的模板（包括钢制大模板），可以重复使用。滑升模板多用于筒仓和烟囱一类的特殊结构，有时也用于框架和剪力墙结构。工具式模板一般用于较长的筒壳结构和隧道结构。台模常用于框架和剪力墙结构中，是浇筑混凝土楼板的一种大型工具式模板。

现浇混凝土结构中采用高强、耐用、定型化、工具化的新型模板，有利于多次周转使用，安拆方便，是提高工程质量、降低成本、加快进度、取得良好经济效益的重要施工措施。

2. 模板工程技术要求

（1）模板及其支架应根据工程结构形式、荷载大小、地基土类别、施工设备和材料供应等条件进行设计。模板及其支架应具有足够的承载能力、刚度和稳定性，能可靠地承受浇筑混凝土的重量、侧压力及施工荷载。

（2）模板应保证工程结构和构件各部分形状尺寸及相互位置的正确。

（3）模板应构造简单、装拆方便，并便于钢筋的绑扎与安装，符合混凝土的浇筑及养护等工艺要求。

（4）模板的接缝不应漏浆；在浇筑混凝土前，木模板应浇水湿润，但模板内不应有积水。

（5）模板与混凝土的接触面应清理干净并涂刷隔离剂，但不得采用影响结构性能或妨碍装饰工程施工的隔离剂；在涂刷模板隔离剂时，不得玷污钢筋和混凝土接茬处。

（6）对清水混凝土工程及装饰混凝土工程，应使用能达到设计效果的模板。

3. 模板系统设计

模板设计应包括根据混凝土的施工工艺和季节性施工措施，确定其构造和所承受的荷载；绘制配板设计图、支撑设计布置图、细部构造和异型模板大样图；按模板承受荷载的最不利组合对模板进行验算；制订模板安装及拆除的程序和方法；编制模板及配件的规格、数量汇总表和周转使用计划；编制模板施工安全、防火技术措施及设计、施工说明书。

模板工程的设计应根据实际工程的结构形式、荷载大小、地基土类别、施工设备和材料可供应的条件，尽量采用先进的施工工艺，综合全面分析比较，找出最佳的设计方案。设计的目的是使模板及支架具有足够的承载能力、刚度和稳定性，用以承受新浇混凝土的自重、侧压力和施工过程中所产生的荷载及风荷载。

模板系统的设计包括选型、选材、荷载计算、结构计算、拟订制作安装和拆除方案及绘制模板图等。模板及其支架的设计应根据工程结构形式、荷载大小、地基土类别、施工设备和材料供应等条件进行。

4. 模板安装与拆除

模板安装前，应审查模板结构设计与施工说明书中的荷载、计算方法、节点构造和安全措施，设计审批手续应齐全；应进行全面的安全技术交底，操作班组应熟悉设计与施工说明书，并应做好模板安装作业的分工准备。当采用爬模、飞模、隧道模等特殊模板施工时，所有参加作业人员必须经过专门技术培训，考核合格后方可上岗；应对模板和配件进行挑选、检测，不合格者应剔除，并应运至工地指定地点堆放；备齐操作所需的一切安全防护设施和器具。

模板经配板设计、构造设计和强度、刚度验算后，即可进行现场安装。为加快工程进度，提高安装质量，加速模板周转率，在起重设备允许的条件下，也可将模板预拼成扩大的模板块再吊装就位。

模板和支架的拆除是混凝土工程施工的最后一道工序，与混凝土质量及施工安全有着十分密切的关系。混凝土强度符合规定后，现浇混凝土结构的模板及其支架方可拆除。

为了加快模板周转的速度，减少模板的总用量，降低工程造价，模板应尽早拆除，提高模板的使用效率。模板拆除时，不得损伤混凝土结构构件，要确保结构安全要求的强度后才能进行。

模板设计时，要考虑模板的拆除顺序和拆除时间。现浇结构的模板及其支架拆除时的混凝土强度应符合设计要求。当设计无具体要求时，侧模板的拆除应以混凝土强度能保证其表面及棱角不因拆除模板而受损坏为前提；底模拆除时，所需的混凝土强度应满足要求。

（二）模板工程常见事故类型及发生原因

模板事故的主要类型为模板坍塌导致的物体打击、高处坠落、机械伤害和触电。事故多发生在浇筑混凝土的中途至接近完成之时，在支架受力最大或结构薄弱部位达到屈服状态，在极短时间内形成整体坍塌和垮塌，施工人员来不及逃生，就随新浇混凝土、钢筋、模板和支架一起向下坠落，遭受冲击、叠压、掩埋，不仅人员伤亡惨重，而且经济损失巨大。

住房和城乡建设部发布的《关于实施〈危险性较大的分部分项工程安全管理规定〉有关问题的通知》中，将各类工具式模板工程（包括滑模、爬模、飞模、隧道模等工程）；搭设高度 5 m 及以上，或搭设跨度 10 m 及以上，或施工总荷载（荷载效应基本组合的设计值，以下简称设计值）10 kN/m² 及以上，或集中线荷载（设计值）15 kN/m 及以上，或高度大于支撑水平投影宽度且相对独立无联系构件的混凝土模板支撑工程；用于钢结构安装等满堂支撑体系；等等，均列为危险性较大的分部分项工程。同时将各类工具式模板工程（包括滑模、爬模、飞模、隧道模等工程）；搭设高度 8 m 及以上，或搭设跨度 18 m 及以上，或施工总荷载（设计值）15 kN/m² 及以上，或集中线荷载（设计值）20 kN/m² 及以上混凝土模板支撑工程；以及用于钢结构安装等满堂支撑体系，承受单点集中荷载 7 kN 及以上；等等，列为超过一定规模的危险性较大的分部分项工程范围。

造成模板工程伤亡事故频发的原因是多方面的，有设计原因、施工原因、材料产品原因、监控管理原因以及无专项安全技术标准和已有的一些相应标准规定不够全面或存在一定缺陷的原因，其中主要有：

1. 未编制相应的安全技术方案，未对模板安装人员进行安全培训和安全技术交底，操作人员不了解模板安装方法，不了解高处作业相关安全防护要求，在模板安装过程中未正确使用安全防护设施。

2. 模板及支撑体系的材料强度和刚度不够，造成混凝土施工过程中支撑或连接件发生变形或脆断。

3. 钢筋或混凝土作业时，模板施工荷载超过设计规定，如模板物料集中超载堆放，混凝土施工人员不了解正确的浇筑方法，混凝土集中浇筑，导致局部荷载过大。

4. 墙、柱模板支撑架管间距超过设计值。

5. 模板支撑基础达不到设计要求的承载力。

6. 高大模板施工时，模板方案未经专家论证，模板支撑未经过验收，未设置专用上下通道，等等。

7. 模板拆除时，未按正确的拆除顺序施工，导致模板意外倒塌或人员高处坠落。

二、模板安装构造安全要求

建筑施工中进行模板设计和施工时，应从工程实际情况出发，合理选用材料、方案和构造措施；应满足模板在运输、安装和使用过程中的强度、稳定性和刚度要求，并宜优先采用定型化、标准化的模板支架和模板构件，减少制作、安装工作量，提高重复使用率。建筑施工中现浇混凝土工程模板体系的设计、制作、安装和拆除，应符合《建筑施工模板安全技术规程》以及相关标准的规定。

（一）一般规定

1. 安全技术准备工作

模板安装前必须做好安全技术准备工作，应审查模板结构设计与施工说明书中的荷载、计算方法、节点构造和安全措施，设计审批手续应齐全；应进行全面的安全技术交底，操作班组应熟悉设计与施工说明书，并应做好模板安装作业的分工准备；采用爬模、飞模、隧道模等特殊模板施工时，所有参加作业人员必须经过专门技术培训，考核合格后方可上岗；应对模板和配件进行挑选、检测，不合格者应剔除，并应运至工地指定地点堆放；应备齐操作所需的一切安全防护设施和器具。

2. 模板安装构造要求

模板安装应按设计与施工说明书顺序拼装。木杆、钢管、门架及碗扣式等支架立柱不得混用。

（1）竖向模板和支架立柱支承部分安装在基土上时，应加设垫板，垫板应有足够强度和支承面积，且应中心承载。基土应坚实，并应有排水措施。对湿陷性黄土应有防水措施；对特别重要的结构工程可采用混凝土、打桩等措施防止支架柱下沉。对冻胀性土应有防冻融措施。当满堂或共享空间模板支架立柱高度超过 8 m 时，若地基土达不到承载要求，无法防止立柱下沉，则应先施工地面下的工程，再分层回填夯实基土，浇筑地面混凝土垫层，达到强度后方可支模。模板及其支架在安装过程中，必须设置有效防倾覆的临时固定设施。现浇钢筋混凝土梁、板，当跨度大于 4 m 时，模板应起拱；当设计无具体要求时，起拱高度宜为全跨长度的 1/1000~3/1000。

（2）现浇多层或高层房屋和构筑物，安装上层模板及其支架，下层楼板应具有承受上层施工荷载的承载能力，否则应加设支撑支架；上层支架立柱应对准下层支架立柱，并应在立柱底铺设垫板；当采用悬臂吊模板、桁架支模方法时，其支撑结构的承载能力和刚度必须符合设计构造要求。

（3）当层间高度大于 5 m 时，应选用桁架支模或钢管立柱支模。当层间高度小于或等于 5 m 时，可采用木立柱支模。

（4）安装模板应保证工程结构和构件各部分形状、尺寸和相互位置的正确，构造应符合模板设计要求。模板应具有足够的承载能力、刚度和稳定性，应能可靠承受新浇混凝土自重和侧压力以及施工过程中所产生的荷载。拼装高度为 2 m 以上的竖向模板，不得站在下层模板上拼装上层模板。安装过程中应设置临时固定设施。

（5）当承重焊接钢筋骨架和模板一起安装时，梁的侧模、底模必须固定在承重焊接钢筋骨架的节点上。安装钢筋模板组合体时，吊索应按模板设计的吊点位置绑扎。

（6）除设计图另有规定者外，所有垂直支架柱应保证其垂直。当支架立柱成一定角度倾斜，或其支架立柱的顶表面倾斜时，应采取可靠措施确保支点稳定，支撑底脚必须有防滑移的可靠措施。

（7）对梁和板安装二次支撑前，其上不得有施工荷载，支撑的位置必须正确。安装后所传给支撑或连接件的荷载不应超过其允许值。

（8）支撑梁、板的支架立柱安装构造应符合规定。梁和板的立柱，纵横向间距应相等或成倍数。木立柱底部应设垫木，顶部应设支撑头。钢管立柱底部应设垫木和底座，顶部应设可调支托，U 形支托与楞梁两侧间如有间隙，必须楔紧，其螺杆伸出钢管顶部不得大于 200 mm，螺杆外径与立柱钢管内径的间隙不得大于 3 mm，安装时应保证上、下同心。在立柱底距地面 200 mm 高处，沿纵横水平方向应按纵下横上的程序设扫地杆。可调支托底部的立柱顶端应沿纵横向设置一道水平拉杆。扫地杆与顶部水平拉杆之间的间距，在满足模板设计所确定的水平拉杆步距要求条件下，进行平均分配确定步距后，在每步距的处纵、横向应各设一道水平拉杆。当层高在 8~20 m 时，在最顶两步水平拉杆中间应加设一道水平拉杆；当层高大于 20 m 时，在最顶两步距水平拉杆中间应分别增加一道水平拉杆。所有水平拉杆的端部均应与四周建筑物顶紧、顶牢。无处可顶时，应于水平拉杆端部和中部沿竖向设置连续式剪刀撑。木立柱的扫地杆、水平拉杆、剪刀撑应采用 40 mm×50 mm 木条或 25 mm×80 mm 的木板条与木立柱钉牢。钢管立柱的扫地杆、水平拉杆、剪刀撑应采用 Φ48 mm×3.5 mm 钢管,用扣件与钢管立柱扣牢。水平拉杆、剪刀撑应采用搭接,并应用铁钉钉牢。钢管扫地杆、水平拉杆应采用对接,剪刀撑应采用搭接,搭接长度不得小于 500 mm,用两个旋转扣件分别在离杆端不小于 100 mm 处进行固定。

(9) 施工时,在已安装好的模板上的实际荷载不得超过设计值。已承受荷载的支架和附件,不得随意拆除或移动。

(10) 组合钢模板、滑升模板等的安装构造,尚应符合《组合钢模板技术规范》和《液压滑动模板施工安全技术规程》的相应规定。

3. 模板安装要求

(1) 安装模板时,安装所需各种配件应置于工具箱或工具袋内,严禁散放在模板或脚手板上;安装所用工具应系挂在作业人员身上或置于所携带的工具袋中,不得掉落。

(2) 当模板安装高度超过 3.0 m 时,必须搭设脚手架,除操作人员外,脚手架下方不得有其他人员站立。

(3) 吊运模板作业前应检查绳索、卡具、模板上的吊环,必须完整有效。在升降过程中,应设专人指挥,统一信号,密切配合。吊运大块或整体模板时,竖向吊运不应少于 2 个吊点,水平吊运不应少于 4 个吊点。吊运必须使用卡环连接,并应稳起、稳落,待模板就位连接牢固后,方可摘除卡环。吊运散装模板时,必须堆放整齐,待捆绑牢固后方可起吊。严禁起重机在架空输电线路下面工作。5 级风及其以上应停止一切吊运作业。

(4) 木料应堆放于下风向,离火源不得小于 30 m,且料场四周应设置灭火器材。

(二) 支架立柱安装

1. 梁式或桁架式支架

采用伸缩式桁架时,其搭接长度不得小于 500 mm,上、下弦连接销钉规格、数量应按设计规定,并应采用不少于 2 个 U 形卡或钢销钉销紧,2 个 U 形卡距或销距不得小于 400 mm。安装的梁式或桁架式支架的间距设置应与模板设计图一致。支承梁式或桁架式支架的建筑结构应具有足够强度;否则,应另设立柱支撑。若桁架采用多榀成组排放,在下弦折角处必须加设水平撑。

2. 工具式立柱支撑

工具式钢管单立柱支撑的间距应符合支撑设计的规定。立柱不得接长使用。所有夹具、螺栓、销子和其他配件应处在闭合或拧紧的位置。

3. 木立柱支撑

木立柱宜选用整料,当不能满足要求时,立柱的接头不宜超过 1 个,并应采用对接夹板接头方式。立柱底部可采用垫块垫高，但不得采用单码砖垫高，垫高高度不得超过 300 mm。木立柱底部与垫木之间应设置硬木对角楔调整标高，并应用铁钉将其固定于垫木上。木立柱间距、扫地杆、水平拉杆剪刀撑的设置应符合规定，严禁使用板皮替代规定的拉杆。所有单立柱支撑应位于底垫木和梁底模板的中心，并应与底部垫木和顶部梁底模板紧密接触，且不得承受偏心荷载。当仅为单排立柱时，应于单排立柱的两边每隔 3 m 加设斜支撑，且每边不得少于 2 根，斜支撑与地面的夹角应为 60°。

4. 扣件式钢管立柱支撑

钢管规格、间距、扣件应符合设计要求。每根立柱底部应设置底座及垫板，垫板厚度不得小于 50 mm。钢管支架立柱间距、扫地杆、水平拉杆、剪刀撑的设置应符合本规范规定。当立柱底部不在同一高度时，高处的纵向扫地杆应向低处延长不少于 2 跨，高低差不得大于 1 m，立柱距边坡上方边缘不得小于 0.5 m。立柱接长严禁搭接，必须采用对接扣件连接，相邻两立柱的对接接头不得在同步内，且对接接头沿竖向错开的距离不宜小于 500 mm，各接头中心距主节点不宜大于步距的 1/3。严禁将上段的钢管立柱与下段钢管立柱错开固定于水平拉杆上。对于满堂模板和共享空间模板支架立柱，外侧周圈应设由下至上的竖向连续式剪刀撑；中间在纵、横向应每隔 10 m 左右设由下至上的竖向连续式的剪刀撑，其宽度宜为 4~6 m，并在剪刀撑部位的顶部、扫地杆处设置水平剪刀撑。剪刀撑杆件的底端应与地面顶紧，夹角宜为 45°~60°。当建筑层高在 8~20 m 时，除应满足上述规定外，还应在纵、横向相邻的两竖向连续式剪刀撑之间增加"之"字斜撑；在有水平剪刀撑的部位，应在每个剪刀撑中间处增加一道水平剪刀撑。当建筑层高超过 20 m 时，在满足以上规定的基础上，应将所有"之"字斜撑全部改为连续式剪刀撑。当支架立柱高度超过 5 m 时，应在立柱周圈外侧和中间有结构柱的部位，按水平间距 6~9 m，竖向间距 2~3 m 与建筑结构设置一个固结点。

5. 碗扣式钢管脚手架立柱支撑

立杆应采用长 1.8 m 和 3.0 m 的立杆错开布置，严禁将接头布置在同一水平高度。立杆底座应采用大钉固定于垫木上。立杆立一层，即将斜撑对称安装牢固，不得漏加，也不得随意拆除。横向水平杆应双向设置，间距不得超过 1.8 m。当支架立柱高度超过 5 m 时，应按扣件式钢管立柱支撑的规定执行。

6. 标准门架支撑

门架的跨距和间距应按设计规定布置，间距宜小于 1.2 m；支撑架底部垫木上应设固定底座或可调底座。门架、调节架及可调底座，其高度应按其支撑的高度确定。门架支撑可沿梁轴线垂直和平行布置。当垂直布置时，在两门架间的两侧应设置交叉支撑；当平行布置时，在两门架间的两侧亦应设置交叉支撑，交叉支撑应与立杆上的锁销锁牢，上、下门架的组装连接必须设置连接棒及锁臂。当门架支撑宽度为 4 跨及以上或 5 个间距及以上时，应在周边底层、顶层、中间每 5 列、5 排于每门架立杆跟部设 Φ48 mm×3.5 mm 规格的通长型水平加固杆，并应采用扣件与门架立杆扣牢。门架支撑高度超过 8 m 时，应按扣件式钢管立柱支撑的规定执行，剪刀撑不应大于 4 个间距，并应采用扣件与门架立杆扣牢。顶部操作层应采用挂扣式脚手板满铺。

7. 悬挑结构立柱支撑

多层悬挑结构模板的上下立柱应保持在同一条垂直线上。多层悬挑结构模板的立柱应连续支撑，并不得少于 3 层。

（三）普通模板安装

1. 基础及地下工程模板

地面以下支模应先检查土壁的稳定情况，当有裂纹及塌方危险迹象时，应采取安全防范措施后，方可下人作业。当深度超过 2 m 时，操作人员应设置爬梯上下。距离基槽（坑）上口边缘 1 m 内不得堆放模板。向基槽（坑）内运料应使用起重机、溜槽或绳索；运下的模板严禁立放于基槽（坑）土壁上。斜支撑与侧模的夹角不应小于 45°，支于土壁的斜支撑应加设垫板，底部的对角楔木应与斜支撑连接牢固。高大长脖基础若采用分层支模时，其下层模板应经就位校正并支撑稳固后，方可进行上一层模板的安装。在有斜支撑的位置，应于两侧模间采用水平撑连成整体。

2. 柱模板

现场拼装柱模时，应适时地安设临时支撑进行固定，斜撑与地面的倾角宜为 60°，严禁将大片模板系于柱子钢筋上。待四片柱模就位、组拼经对角线校正无误后，应立即自下而上安装柱箍。若为整体预组合柱模，吊装时应采用卡环和柱模连接，不得用钢筋钩代替。柱模校正（用四根斜支撑或用连接在柱模顶四角带花篮螺丝的缆风绳，底端与楼板钢筋拉环固定进行校正）后，应采用斜撑或水平撑进行四周支撑，以确保整体稳定。当高度超过 4 m 时，应群体或成列同时支模，并应将支撑连成一体，形成整体框架体系。当采用单根支模时，柱宽大于 500 mm 应每边在同一标高上设不得少于 2 根斜撑或水平撑。斜撑与地面的夹角宜为 45°~60°，下端尚应有防滑移的措施。角柱模板的支撑，除满足上款要求外，还应在里侧设置能承受拉、压力的斜撑。

3. 墙模板

当用散拼定型模板支模时，应自下而上进行，必须在下一层模板全部紧固后，方可进行上一层安装。当下层不能独立安设支撑件时，应采取临时固定措施。当采用预拼装的大块墙模板进行支模安装时，严禁同时起吊两块模板，并应边就位、边校正、边连接，固定后方可摘钩。安装电梯井内墙模前，必须于板底下 200 mm 处牢固地满铺一层脚手板。模板未安装对拉螺栓前，板面应向后倾一定角度。安装过程应随时拆换支撑或增加支撑。当钢楞长度须接长时，接头处应增加相同数量和不小于原规格的钢楞，其搭接长度不得小于墙模板宽或高的 15%~20%。拼接时的 U 形卡应正反交替安装，间距不得大于 300 mm；两块模板对接接缝处的 U 形卡应满装。对拉螺栓与墙模板应垂直，松紧应一致，墙厚尺寸应正确。墙模板内外支撑必须坚固、可靠，应确保模板的整体稳定。当墙模板外面无法设置支撑时，应于里面设置能承受拉和压的支撑。多排并列且间距不大的墙模板，当其支撑互成一体时，应有防止灌筑混凝土时引起临近模板变形的措施。

4. 独立梁和整体楼盖梁结构模板

安装独立梁模板时应设安全操作平台，并严禁操作人员站在独立梁底模或柱模支架上操作和上下通行。底模与横楞应拉结好，横楞与支架、立柱应连接牢固。安装梁侧模时，应边安装边与底模连接，当侧模高度多于 2 块时，应采取临时固定措施。起拱应在侧模内外楞连固前进行。单片预组合梁模，钢楞与板面的拉结应按设计规定制作，并应按设计吊点试吊无误后方可正式吊运安装，侧模与支架支撑稳定后方准摘钩。

5. 楼板或平台板模板

当预组合模板采用桁架支模时，桁架与支点的连接应固定牢靠，桁架支承应采用平直通长的型钢或木方。当预组合模板块较大时，应加钢楞后方可吊运。当组合模板为错缝拼配时，板下横楞应均匀布置，并应在模板端穿插销。单块模就位安装，必须待支架搭设稳固、板下横楞与支架连接牢固后进行。U 形卡应按设计规定安装。

6. 其他结构模板

安装圈梁、阳台、雨篷及挑檐等模板时，其支撑应独立设置，不得支搭在施工脚手架上。安装悬挑结构模板时，应搭设脚手架或悬挑工作台，并应设置防护栏杆和安全网。作业处的下方不得有人通行或停留。烟囱、水塔及其他高大构筑物的模板，应编制专项施工设计和安全技术措施，并应详细地向操作人员进行交底后方可安装。在危险部位进行作业时，操作人员应系好安全带。

（四）爬升模板安装

进入施工现场的爬升模板系统中的大模板、爬升支架、爬升设备、脚手架及附件等，应按施工组织设计及有关图纸验收，合格后方可使用。

1. 爬升模板安装时，应统一指挥，设置警戒区与通信设施，做好原始记录。检查工程结构上预埋螺栓孔的直径和位置，应符合图纸要求。爬升模板的安装顺序应为底座、立柱、爬升设备、大模板、模板外侧吊脚手。

2. 施工过程中爬升大模板及支架时，应检查爬升设备的位置、牢固程度、吊钩及连接杆件等，确认无误后，拆除相邻大模板及脚手架间的连接杆件，使各个爬升模板单元彻底分开。爬升时，应先收紧钢丝绳，吊住大模板或支架，然后拆卸穿墙螺栓，并检查再无任何连接，卡环和安全钩无问题，调整好大模板或支架的重心，保持垂直，开始爬升。爬升时，作业人员应站在固定件上，不得站在爬升件上爬升，爬升过程中应防止晃动与扭转。每个单元的爬升不宜中途交接班，不得隔夜再继续爬升。每单元爬升完毕应及时固定。大模板爬升时，新浇混凝土的强度不应低于 $1.2~N/mm^2$。支架爬升时的附墙架穿墙螺栓受力处的新浇混凝土强度应达到 $10~N/mm^2$ 以上。爬升设备每次使用前均应检查，液压设备应由专人操作。

3. 作业人员应背工具袋，以便存放工具和拆下的零件，防止物件跌落，且严禁高空向下抛物。

4. 每次爬升组合安装好的爬升模板、金属件应涂刷防锈漆，板面应涂刷脱模剂。

5. 爬模的外附脚手架或悬挂脚手架应满铺脚手板，脚手架外侧应设防护栏杆和安全网。爬架底部亦应满铺脚手板和设置安全网。每步脚手架间应设置爬梯，作业人员应由爬梯上下，进入爬架应在爬架内上下，严禁攀爬模板、脚手架和爬架外侧。脚手架上不应堆放材料，脚手架上的垃圾应及时清除。如须临时堆放少量材料或机具，必须及时取走，且不得超过设计荷载的规定。

6. 所有螺栓孔均应安装螺栓，螺栓应采用 $50\sim60~N\cdot m$ 的扭矩紧固。

（五）飞模安装

飞模的制作组装必须全部按设计图进行，运到施工现场后，应按设计要求检查合格后方可使用安装。安装前应进行一次试压和试吊，检验确认各部件无隐患。对利用组合钢模板、门式脚手架、钢管脚手架组装的飞模，所用的材料、部件应符合国家现行标准《组合钢模板技术规范》《冷弯薄壁型钢结构技术规范》，以及其他专业技术规范的要求。凡属采用铝合金型材、木或竹塑胶合板组装的飞模，所用材料及部件应符合有关专业标准规定的要求。

1. 飞模起吊时，应在吊离地面 0.5 m 后停下，待飞模完全平衡后再起吊。吊装应使用安全卡环，不得使用吊钩。

2. 飞模就位后，应立即在外侧设置防护栏，其高度不得小于 1.2 m，外侧应另加设安全网，同时应设置楼层护栏，并应准确、牢固地搭设好出模操作平台。

3. 当飞模在不同楼层转运时，上、下层的信号人员应分工明确、统一指挥、统一信号，并应采用步话机联络。

4. 当飞模转运采用地滚轮推出时，前滚轮应高出后滚轮 10~20 mm，并应将飞模重心标画在旁侧，严禁外侧吊点在未挂钩前将飞模向外倾斜。

5. 飞模外推时，必须用多根安全绳一端牢固拴于飞模两侧，另一端围绕于飞模两侧建筑物的可靠部位上，并应设专人掌握；缓慢推出飞模，并松放安全绳，飞模外端吊点的钢丝绳亦应逐渐收紧，待内外端吊钩挂牢后再转运起吊。

6. 在飞模上操作的挂钩作业人员应穿防滑鞋，且应系好安全带。安全带并应挂于上层的预埋铁环上。

7. 吊运时，飞模上不得站人和存放自由物料，操作电动平衡吊具的作业人员应站在楼面上，并不得斜拉歪吊。

8. 飞模出模时，下层应设安全网，且飞模每运转一次后应检查各部件的损坏情况，同时应对所有的连接螺栓重新进行紧固。

（六）隧道模安装

组装好的半隧道模应按模板编号顺序吊装就位，并应将两个半隧道模顶板边缘的角钢用连接板和螺栓进行连接。合模后应采用千斤顶升降模板的底沿，按导墙上所确定的水准点调整到设计标高，并应采用斜支撑和垂直支撑调整模板的水平度和垂直度，再将连接螺栓拧紧。

1. 支卸平台

支卸平台的设计应便于支卸平台吊装就位，平台的受力应合理。平台桁架中立柱下面的垫板，必须落在楼板边缘以内 400 mm 左右，并应在楼层下相应位置加设临时垂直支撑。支卸平台台面的顶面，必须和混凝土楼面齐平，并应紧贴楼面边缘。相邻支卸平台间的空隙不得过大。支卸平台外周边应设安全护栏和安全网。

2. 山墙作业平台

隧道模拆除吊离后，应将特制 U 形卡承托对准山墙的上排对拉螺栓孔，从外向内插入，并用螺帽紧固。U 形卡承托的间距不得大于 1.5 m。作业平台吊至已经埋设的 U 形卡位置就位，并将平台每根垂直杆件上的 Φ30 mm 水平杆件落入 U 形卡内，平台下部靠墙的垂直支撑用穿墙螺栓紧固。每个山墙作业平台的长度不应超过 7.5 m，且不应小于 2.5 m，并应在端头分别增加外挑 1.5 m 的三角平台。作业平台外周边应设安全护栏和安全网。

三、模板拆除安全要求

混凝土成型并养护一段时间、当强度达到一定要求时，即可拆除模板。模板的拆除日期取决于混凝土硬化的快慢、模板的用途、结构的性质及环境温度。及时拆模可提高模板周转率、加快工程进度；过早拆模，混凝土会变形，甚至断裂，造成重大质量事故。现浇结构的模板及支架的拆除，如设计无规定时，应遵循"先支后拆、后支先拆""先非承重部位、后承重部位"，以及自上而下的原则。重大复杂模板的拆除，事前应制订拆除方案。拆模时，操作人员应站在安全处，以免发生安全事故。拆模时应避免用力过猛、过急，严禁用大锤和撬棍硬砸硬撬，以免损坏砼表面或模板。拆除的模板及配件应有专人接应传递并分散堆放，不得对楼层形成冲击荷载，严禁高空抛掷。模板及支架清运至指定地点，应及时加以清理、修理，按尺寸和种类分别堆放，以便下次使用。

（一）模板拆除要求

模板的拆除措施应经技术主管部门或负责人批准，拆除模板的时间可按《混凝土结构工程施工及验收规范》的有关规定执行。冬期施工的拆模，应遵守专门规定。当混凝土未达到规定强度或已达到设计规定强度时，如须提前拆模或承受部分超设计荷载时，必须经过计算和技术主管确认其强度能足够承受此荷载后，方可拆除。

1. 在承重焊接钢筋骨架作配筋的结构中，承受混凝土重量的模板，应在混凝土达到设计强度的 25% 后方可拆除承重模板。如在已拆除模板的结构上加置荷载时，应另行核算。

2. 大体积混凝土的拆模时间除应满足混凝土强度要求外，还应使混凝土内外温差降低到 25° 以下时方可拆模。否则应采取有效措施防止产生温度裂缝。

3. 后张预应力混凝土结构的侧模宜在施加预应力前拆除，底模应在施加预应力后拆除。设计有规定时，应按规定执行。

4. 拆模前应检查所使用的工具有效和可靠，扳手等工具必须装入工具袋或系挂在身上，并应检查拆模场所范围内的安全措施。

5. 模板的拆除工作应设专人指挥。作业区应设围栏，其内不得有其他工种作业，并应设专人负责监护。拆下的模板、零配件严禁抛掷。

6. 拆模的顺序和方法应按模板的设计规定进行。当设计无规定时，可采取先支的后拆、后支的先拆、先拆非承重模板、后拆承重模板，并应从上而下进行拆除。拆下的模板不得抛扔，应按指定地点堆放。

7. 多人同时操作时，应明确分工、统一信号或行动，应具有足够的操作面，人员应站于安全处。

8. 高处拆除模板时，应遵守有关高处作业的规定。严禁使用大锤和撬棍，操作层上临时拆下的模板堆放不能超过 3 层。

9. 在提前拆除互相搭连并涉及其他后拆模板的支撑时，应补设临时支撑。拆模时，应逐块拆卸，不得成片撬落或拉倒。

10. 拆模如遇中途停歇，应将已拆松动、悬空、浮吊的模板或支架进行临时支撑牢固或相互连接稳固。对活动部件必须一次拆除。

11. 已拆除了模板的结构，应在混凝土强度达到设计强度值后方可承受全部设计荷载。若在未达到设计强度以前，必须在结构上加置施工荷载时另行核算；当强度不足时，应加设临时支撑。

12. 遇 6 级或 6 级以上大风时，应暂停室外的高处作业。雨、雪、霜后应先清扫施工现场，方可进行工作。

13. 拆除有洞口模板时，应采取防止操作人员坠落的措施。洞口模板拆除后，应按照《建筑施工高处作业安全技术规范》的有关规定及时进行防护。

（二）支架立柱拆除

当拆除钢楞、木楞、钢桁架时，应在其下面临时搭设防护支架，使所拆楞梁及桁架先落于临时防护支架上。当立柱的水平拉杆超出 2 层时，应首先拆除 2 层以上的拉杆。当拆除最后一道水平拉杆时，应和拆除立柱同时进行。当拆除 4~8 m 跨度的梁下立柱时，应先从跨中开始，对称地分别向两端拆除。拆除时，严禁采用连梁底板向旁侧一片拉倒的拆除方法。

对于多层楼板模板的立柱，当上层及以上楼板正在浇筑混凝土时，下层楼板立柱的拆除，应根据下层楼板结构混凝土强度的实际情况，经过计算确定。

拆除平台、楼板下的立柱时，作业人员应站在安全处拉拆。对已拆下的钢楞、木楞、桁架、立柱及其他零配件应及时运到指定地点。对有芯钢管立柱运出前应先将芯管抽出或用销卡固定。

（三）普通模板拆除

1. 条形基础等模板拆除

拆除条形基础、杯形基础、独立基础或设备基础的模板时，应在拆除前先检查基槽（坑）土壁的安全状况，发现有松软、龟裂等不安全因素时，应在采取安全防范措施后，方可进行作业。模板和支撑杆件等应随拆随运，不得在离槽（坑）上口边缘 1 m 以内堆放。拆除模板时，施工人员必须站在安全地方。应先拆内外木楞、再拆木面板；钢模板应先拆钩头螺栓和内外钢楞，后拆 U 形卡和 L 形插销，拆下的钢模板应妥善传递或用绳钩放置地面，不得抛掷。拆下的小型零配件应装入工具袋内或小型箱笼内，不得随处乱扔。

2. 柱模拆除

柱模拆除应分别采用分散拆和分片拆两种方法。其分散拆除的顺序应为：拆除拉杆或斜撑、自上而下拆除柱箍或横楞、拆除竖楞，自上而下拆除配件及模板，运走分类堆放、清理、拔钉、钢模维修、刷防锈油或脱模剂，入库备用。分片拆除的顺序应为：拆除全部支撑系统、自上而下拆除柱箍及横楞、拆掉柱角U形卡、分二片或四片拆除模板、原地清理、刷防锈油或脱模剂、分片运至新支模地点备用。柱子拆下的模板及配件不得向地面抛掷。

3. 墙模拆除

墙模拆除时，墙模分散拆除顺序应为：拆除斜撑或斜拉杆、自上而下拆除外楞及对拉螺栓、分层自上而下拆除木楞或钢楞及零配件和模板、运走分类堆放、拔钉清理或清理检修后刷防锈油或脱模剂、入库备用。预组拼大块墙模拆除顺序应为：拆除全部支撑系统、拆卸大块墙模接缝处的连接型钢及零配件、拧去固定埋设件的螺栓及大部分对拉螺栓、挂上吊装绳扣并略拉紧吊绳后，拧下剩余对拉螺栓，用方木均匀敲击大块墙模立楞及钢模板，使其脱离墙体用撬棍轻轻外撬大块墙模板使全部脱离，指挥起吊、运走、清理、刷防锈油或脱模剂备用。拆除每一大块墙模的最后两个对拉螺栓后，作业人员应撤离大模板下侧，以后的操作均应在上部进行。个别大块模板拆除后产生局部变形者应及时整修好。大块模板起吊时，速度要慢，应保持垂直，严禁模板碰撞墙体。

4. 梁、板模板拆除

梁、板模板应先拆梁侧模，再拆板底模，最后拆除梁底模，并应分段分片进行，严禁成片撬落或成片拉拆。拆除时，作业人员应站在安全的地方进行操作，严禁站在已拆或松动的模板上进行拆除作业。拆除模板时，严禁用铁棍或铁锤乱砸，已拆下的模板应妥善传递或用绳钩放至地面。严禁作业人员站在悬臂结构边缘敲拆下面的底模。待分片、分段的模板全部拆除后，方允许将模板、支架、零配件等按指定地点运出堆放，并进行拔钉、清理、整修、刷防锈油或脱模剂，入库备用。

（四）特殊模板拆除

对于拱、薄壳、圆穹屋顶和跨度大于8 m的梁式结构，应按设计规定的程序和方式从中心沿环圈对称向外或从跨中对称向两边均匀放松模板支架立柱。拆除圆形屋顶、筒仓下漏斗模板时，应从结构中心处的支架立柱开始，按同心圆层次对称地拆向结构的周边。拆除带有拉杆拱的模板时，应在拆除前先将拉杆拉紧。

（五）爬升模板拆除

拆除爬模应有拆除方案，且应由技术负责人签署意见，拆除前应向有关人员进行安全技术交底后，方可实施。

拆除时应先清除脚手架上的垃圾杂物，并应设置警戒区由专人监护。拆除时应设专人指挥，严禁交叉作业。拆除顺序应为：悬挂脚手架和模板、爬升设备、爬升支架。已拆除的物件应及时清理、整修和保养，并运至指定地点备用。遇 5 级以上大风时，应停止拆除作业。

（六）飞模拆除

梁、板混凝土强度等级不得小于设计强度的 75% 时，方准脱模。飞模的拆除顺序、行走路线和运到下一个支模地点的位置，均应按照台模设计的有关规定进行。拆除时应先用千斤顶顶住下部水平连接管，再拆去木楔或砖墩（或拔出钢套管连接螺栓，提起钢套管）。推入可任意转向的四轮台车，松千斤顶使飞模落于台车上，随后推运至主楼板外侧搭设的平台上，用塔吊吊至上层重复使用。若不需要重复使用时，应按普通模板的方法拆除。

飞模拆除必须有专人统一指挥，飞模尾部应绑安全绳，安全绳的另一端应套在坚固的建筑结构上，且在推运时应徐徐放松。飞模推出后，楼层外边缘应立即绑好护身栏。

（七）隧道模拆除

隧道模拆除前应对作业人员进行安全技术交底和技术培训。拆除导墙模板应在新浇混凝土强度达到 $1.0\ \text{N/mm}^2$ 后，方准拆模。拆除隧道模应按顺序进行：新浇混凝土强度应在达到承重模板拆模要求后，方准拆模。应用长柄手摇螺帽杆将连接顶板的连接板上的螺栓松开，并应将隧道模分成两个半隧道模。拔除穿墙螺栓，并旋转垂直支撑杆和墙体模板的螺旋千斤顶，让滚轮落地，使隧道模脱离顶板和墙面。放下支卸平台防护栏杆，先将一边的半隧道模推移至支卸平台上，然后再推另一边半隧道模。为使顶板不超过设计允许荷载，经设计核算后，若不够应加设临时支撑柱。半隧道模的吊运方法，应根据具体情况采用。

四、模板工程安全管理

1. 从事模板作业的人员，应经常组织安全技术培训。从事高处作业人员，应定期体检，不符合要求的不得从事高处作业。安装和拆除模板时，操作人员应佩戴安全帽、系安全带、穿防滑鞋。安全帽和安全带应定期检查，不合格者严禁使用。

2. 模板及配件进场应有出厂合格证或当年的检验报告，模板支撑架构配件进场应进行验收，构配件及材质应符合专项施工方案及相关标准的规定。安装前应对所用部件（立柱、楞梁、吊环、扣件等）进行认真检查，不符合要求者不得使用。

3. 模板工程应编制施工设计和安全技术措施，模板及支撑架应根据施工过程中的各种工况进行设计，应具有足够的承载力、刚度和整体稳固性。并应严格按施工设计与安全技术措施规定施工。满堂模板、建筑层高 8 m 及以上和梁跨大于或等于 15 m 的模板，在安装、拆除作业前，工程技术人员应以书面形式向作业班组进行施工操作的安全技术交底，作业班组应对照书面交底进行上下班的自检和互检。

4. 施工过程中应经常检查：立柱底部基土回填夯实的状况；垫木应满足设计要求；底座位置应正确，顶托螺杆伸出长度应符合规定；立杆的规格尺寸和垂直度应符合要求，不得出现偏心荷载；扫地杆、水平拉杆、剪刀撑等的设置应符合规定，固定应可靠；安全网和各种安全设施应符合要求。

5. 在高处安装和拆除模板时，周围应设安全网或搭脚手架，并应加设防护栏杆。在临街面及交通要道地区，尚应设警示牌，派专人看管。

6. 作业时，模板和配件不得随意堆放，模板应放平放稳，严防滑落。脚手架或操作平台上临时堆放的模板不宜超过 3 层，连接件应放在箱盒或工具袋中，不得散放在脚手板上。脚手架或操作平台上的施工总荷载不得超过其设计值。

7. 对负荷面积大和高 4 m 以上的支架立柱采用扣件式钢管、门式和碗扣式钢管脚手架时，除应有合格证外，对所用扣件应用扭矩扳手进行抽检，达到合格后方可承力使用。

8. 多人共同操作或扛抬组合钢模板时，必须密切配合、协调一致、互相呼应。

9. 施工用的临时照明和行灯的电压不得超过 36 V；若为满堂模板、钢支架及特别潮湿的环境时，不得超过 12 V。照明行灯及机电设备的移动线路应采用绝缘橡胶套电缆线。有关避雷、防触电和架空输电线路的安全距离应遵守《施工现场临时用电安全技术规范》的有关规定。施工用的临时照明和动力线应用绝缘线和绝缘电缆线，且不得直接固定在钢模板上。夜间施工时，应有足够的照明，并应制定夜间施工的安全措施。施工用临时照明和机电设备线严禁非电工乱拉乱接。同时，还应经常检查线路的完好情况，严防绝缘破损漏电伤人。当钢模板高度超过 15 m 时，应安设避雷设施，避雷设施的接地电阻不得大于 4Ω。

10. 安装高度在 2 m 及其以上时，应遵守《建筑施工高处作业安全技术规范》的有关规定。

11. 模板安装时，上下应有人接应，随装随运，严禁抛掷。当模板上有预留孔洞时，应在安装后及时将孔洞覆盖。不得将模板支搭在门窗框上，也不得将脚手板支搭在模板上，并严禁将模板与上料井架及有车辆运行的脚手架或操作平台支成一体。

12. 支模过程中如遇中途停歇，应将已就位模板或支架连接稳固，不得浮搁或悬空。拆模中途停歇时，应将已松扣或已拆松的模板、支架等拆下运走，防止构件坠落或作业人员扶空坠落伤人。

13. 模板安装和拆卸时，作业人员应有可靠的立足点，应采取防护措施，严禁人员攀登模板、斜撑杆、拉条或绳索等，也不得在高处的墙顶、独立梁或在其模板上行走。翻模、爬模、滑模等工具式模板应设置操作平台，上下操作平台间应设置专用攀登通道。

14. 模板施工中应设专人负责安全检查，发现问题应报告有关人员处理。当遇险情时，应立即停工和采取应急措施；待修复或排除险情后，方可继续施工。

15. 寒冷地区冬期施工用钢模板时，不宜采用电热法加热混凝土，否则应采取防触电措施。在大风地区或大风季节施工时，模板应有抗风的临时加固措施。若遇恶劣天气，如大雨、大雾、沙尘、大雪及 6 级以上大风时，应停止露天高处作业。遇 5 级及以上风力时，应停止高空吊运作业。雨雪停止后，应及时清除模板和地面上的冰雪及积水。

16. 使用后的木模板应拔除铁钉，分类进库，堆放整齐。若为露天堆放，顶面应遮防雨篷布。

17. 使用后的钢模、钢构件应遵守规定。使用后的钢模、桁架、钢楞和立柱应将黏结物清理洁净，清理时严禁采用铁锤敲击的方法；清理后的钢模、桁架、钢楞、立柱，应逐块、逐榀、逐根进行检查，发现翘曲、变形、扭曲、开焊等必须修理完善；清理整修好的钢模、桁架、钢楞、立柱应刷防锈漆，对立即待用钢模板的表面应刷脱模剂，而暂不用的钢模表面可涂防锈油一度；钢模板及配件，使用后必须进行严格清理检查，已损坏断裂的应剔除，不能修复的应报废。螺栓的螺纹部分应整修上油。然后应分别按规格分类装于箱笼内备用。钢模板及配件等修复后，应进行检查验收。凡检查不合格者应重新整修。待合格后方准应用，其修复后的质量标准应符合规定。钢模板由拆模现场运至仓库或维修场地时，装车不宜超出车栏杆，少量高出部分必须拴牢，零配件应分类装箱，不得散装运输。经过维修、刷油、整理合格的钢模板及配件，如须运往其他施工现场或入库，必须分类装入集装箱内，杆应成捆、配件应成箱，清点数量，入库或接收单位验收。装车时，应轻搬轻放，不得相互碰撞。卸车时，严禁成捆从车上推下和拆散抛掷。钢模板及配件应放入室内或敞棚内，若无条件需要露天堆放时，则应装入集装箱内，底部垫高 100 mm，顶面应遮盖防水篷布或塑料布，但集装箱堆放高度不宜超过 2 层。

第三章　建筑施工专项安全技术

近些年以来，伴随着我国经济社会的飞速发展，建筑行业也迎来了发展的黄金时期。然而，在土木工程的施工过程中，安全事故频频发生并且呈现上升趋势。房屋建筑，百年大计质量第一，随着社会发展、工业、民用建筑也在同步发展，如何保证建筑工程质量？建筑施工技术的合理运用是至关重要的。本章就建筑施工专项安全技术进行详细的阐述和分析。

第一节　高处作业安全管理

一、高处作业的定义、事故隐患与基本规定

(一) 高处作业的定义

《高处作业分级》规定："在距坠落高度基准面 2 m 或 2 m 以上有可能坠落的高处进行的作业称为高处作业。"

所谓坠落高度基准面，是指通过可能坠落范围内最低处的水平面。如从作业位置可能坠落到的最低点的地面、楼面、楼梯平台、相邻较低建筑物的屋面、基坑的底面、脚手架的通道板等。

以作业位置为中心，6 m 为半径，划出垂直于水平面的柱形空间的最低处与作业位置间的高度差称为基础高度。

以作业位置为中心，以可能坠落范围为半径划成的与水平面垂直的柱形空间，称为可能坠落范围。高处作业可能坠落范围用坠落半径表示，用以确定不同高度作业时，其安全平网的防护宽度。

作业区各作业位置至相应坠落高度基准面的垂直距离的最大值，称为该作业区的高处作业高度，简称作业高度。高处作业高度分为 2~5 m、5~15 m、15~30 m 及 30 m 以上 4 个区段。

(二) 高处作业的事故隐患

高处作业极易发生高处坠落事故，也容易因高处作业人员违章或失误，发生物体打击

事故。高处作业的事故隐患主要包括以下几项：

1. 安全网未取得有关部门的准用证。

2. 上下传递物件抛掷。

3. 安全网规格材质不符合要求。

4. 立体交叉作业未采取隔离防护措施。

5. 未每隔四层并不大于 10 m 张设平网。

6. 未按高挂低用要求正确系好安全带。

7. 防护措施未采用定型化工具化。

8. 在建工程未用密目式安全网封闭。

9. 未设置上杆 1.2 m、下杆 0.5~0.6 m 的上下两道防护栏杆。

10. 框架结构施工作业面（点）无防护或防护不完善。

11. 阳台楼板屋面临边无防护或防护不牢固。

12. 25 cm×25 cm 以上洞口不按规定设置防护栏、盖板、安全网。

13. 未按规定安装防护门或护栏，安装后高度低于 1.5 m。

14. 出入口未搭设防护棚或搭设不符合相关规范要求。

15. 使用钢模板和其他板厚小于 5 cm 的板料做脚手板。

16. 安全帽、安全网、安全带未进行定期检查。

17. 护栏高度低于 1.2 m，未上下设置栏杆并没有密目网遮挡。

18. 未按规定安装高度 1.8 m 的防护门。

19. 恶劣天气进行高空起重吊装作业。

（三）高处作业的基本规定

为了防止高处坠落与物体打击、杜绝高处作业事故隐患，《建筑施工高处作业安全技术规范》对工业与民用房屋建筑及一般构筑物施工时，高处作业中临边、洞口、攀登、悬空、操作平台及交叉等项作业，以及属于高处作业的各类洞、坑、沟、槽等工程施工的安全要求做出了明确规定。其中，高处作业的基本安全规定如下：

1. 建筑施工中凡涉及临边与洞口作业、攀登与悬空作业、操作平台、交叉作业及安全网搭设的，应在施工组织设计或施工方案中制定高处作业安全技术措施。

2. 高处作业施工前，应按类别对安全防护设施进行检查、验收，验收合格后方可进行作业，并应做验收记录。验收可分层或分阶段进行。

3. 高处作业施工前，应对作业人员进行安全技术交底，并应记录。应对初次作业人员进行培训。

4. 应根据要求将各类安全警示标志悬挂于施工现场各相应部位，夜间应设红灯警示。

高处作业施工前，应检查高处作业的安全标志、工具、仪表、电气设施和设备，确认其完好后，方可进行施工。

5. 高处作业人员应根据作业的实际情况配备相应的高处作业安全防护用品，并应按规定正确佩戴和使用相应的安全防护用品、用具。

6. 对施工作业现场可能坠落的物料，应及时拆除或采取固定措施。高处作业所用的物料应堆放平稳，不得妨碍通行和装卸。工具应随手放入工具袋；作业中的走道、通道板和登高用具，应随时清理干净；拆卸下的物料及余料和废料应及时清理运走，不得随意放置或向下丢弃。传递物料时不得抛掷。

7. 高处作业应按现行国家标准《建设工程施工现场消防安全技术规范》的规定，采取相应的防火措施。

8. 在雨、霜、雾、雪等天气进行高处作业时，应采取防滑、防冻和防雷措施，并应及时清除作业面上的水、冰、雪、霜。

当遇有6级及以上强风、浓雾、沙尘暴等恶劣气候，不得进行露天攀登与悬空高处作业。雨、雪天气后，应对高处作业安全设施进行检查，当发现有松动、变形、损坏或脱落等现象时，应立即修理完善，维修合格后方可使用。

9. 对需临时拆除或变动的安全防护设施，应采取可靠措施，作业后应立即恢复。

10. 安全防护设施验收应包括下列主要内容：

（1）防护栏杆的设置与搭设；

（2）攀登与悬空作业的用具与设施搭设；

（3）操作平台及平台防护设施的搭设；

（4）防护棚的搭设；

（5）安全网的设置；

（6）安全防护设施、设备的性能与质量、所用的材料、配件的规格；

（7）设施的节点构造，材料配件的规格、材质及其与建筑物的固定、连接状况。

11. 安全防护设施验收资料应包括下列主要内容：

（1）施工组织设计中的安全技术措施或施工方案；

（2）安全防护用品用具、材料和设备产品合格证明；

（3）安全防护设施验收记录；

（4）预埋件隐蔽验收记录；

（5）安全防护设施变更记录。

12. 应有专人对各类安全防护设施进行检查和维修保养，发现隐患应及时采取整改措施。

13. 安全防护设施宜采用定型化、工具化设施，防护栏应为黑黄或红白相间的条纹标示，盖件应为黄或红色标示。

二、安全帽、安全带、安全网

进入施工现场必须戴安全帽，登高作业必须系安全带，在建建筑物四周必须用绿色的密目式安全网全部封闭，这是多年来在建筑施工中对安全生产的规定。安全帽、安全带、安全网一般被称为"救命三宝"。目前，这三种防护用品都有产品标准。在使用时，也应选择符合建筑施工要求的产品。

（一）安全帽

安全帽是用来避免或减轻外来冲击和碰撞对头部造成伤害的防护用品，由帽壳、帽衬、下须带、附件组成。安全帽必须满足耐冲击、耐穿透、耐低温、侧向刚性、电绝缘性、阻燃性等基本技术性能的要求。

安全帽的佩戴要符合标准，使用要符合规定。如果佩戴和使用不正确，就起不到充分的防护作用。一般应注意下列事项：

1. 新领的安全帽，首先检查是否有"LA"标志及产品合格证，再看是否破损、薄厚不均，缓冲层及调整带和弹性带是否齐全有效。不符合规定要求的要立即调换。

2. 每次佩戴之前应检查安全帽的外观是否有裂纹、碰伤痕迹、凹凸不平、磨损，帽衬是否完整，帽衬的结构是否处于正常状态，安全帽上如存在影响其性能的明显缺陷就及时报废，以免影响防护作用。任何受过重击、有裂痕的安全帽，无论有无损坏现象，均应报废。

3. 应注意在有效期内使用安全帽，植物枝条编织的安全帽有效期为 2 年，塑料安全帽的有效期限为两年半，玻璃钢（包括维纶钢）和胶质安全帽的有效期限为 3 年半，超过有效期的安全帽应报废。

4. 戴安全帽前应将帽后调整带按自己头型调整到适合的位置，然后将帽内弹性带系牢。缓冲衬垫的松紧由带子调节，人的头顶和帽体内顶部的空间垂直距离一般为 25 ~ 50 mm，至少不要小于 32 mm 为好。佩戴者在使用时一定要将安全帽戴正、戴牢，不能晃动，要系紧下须带。

5. 使用者不得随意在安全帽上打孔、拆卸或添加附件，不能随意调节帽衬的尺寸。不要把安全帽歪戴，也不要把帽檐戴在脑后方。

6. 施工人员在现场作业中，不得将安全帽脱下，搁置一旁，或当坐垫使用。

7. 平时使用安全帽时应保持整洁，不能接触火源，不要任意涂刷油漆。

8. 安全帽不能在有酸、碱或化学试剂污染的环境中存放，不能放置在高温、日晒或潮湿的场所中，以免其老化变质。

（二）安全带

安全带是预防高处作业人员坠落事故的个人防护用品，由带子、绳子和金属配件组成，总称安全带。

1. 安全带的日常管理规定

（1）安全带采购回来后必须经过专职安全员检查并报验监理单位验收合格后才能使用，进场时查验是否具备合格证、厂家检验报告，是否附有永久标识。不合格的安全防具用品一律不准进入施工现场。

（2）安全带在每次使用前都应进行外观检查。外观检查的项目主要包括：组件完整、无短缺、无伤残破损；绳索、编带无脆裂、断股或扭结；皮革配件完好、无伤残；所有缝纫点的针线无断裂或者磨损；金属配件无裂纹、焊接无缺陷、无严重锈蚀；挂钩的钩舌咬口平整不错位。

（3）对使用中的安全带每周进行一次外观检查。

（4）安全带每年要进行一次静负荷重试验。

（5）安全带每次受力后，必须做详细的外观检查和静负荷重试验，不合格的不得继续使用。

（6）使用频繁的绳，要经常做外观检查，发现异常时，应立即更换新绳，更换新绳时要注意加绳套。

（7）安全带上的各种部件不得任意拆掉。

（8）安全带使用2年以后，使用单位应按购进批量的大小，选择一定比例的数量，做一次抽检，即用80 kg的砂袋做自由落体试验，若未破断可继续使用，但抽检的样带应更换新的挂绳才能使用；如试验不合格，购进的这批安全带就应报废。

（9）安全带的使用期为3~5年，若使用期间发现异常，应提前报废；超过使用规定年限后，必须报废。

2. 安全带的使用和维护

（1）安全带上的各种部件不得任意拆掉。

（2）安全带使用时必须高挂低用，且悬挂点高度不应低于自身腰部。

（3）使用时要防止摆动碰撞，严禁使用打结和继接的安全绳，不准将钩直接挂在安全绳上使用，应将钩挂在连接环上用。

（4）悬挂安全带必须有可靠的锚固点，即安全带要挂在牢固可靠的地方，禁止挂在移动及带尖锐角不牢固的物件上。

（5）安全绳的长度限制在 1.5~2.0 m，使用 3 m 以上长绳应加缓冲器。

（6）在温度较低的环境中使用安全带时，要注意防止安全绳的硬化割裂。

（7）使用后，将安全带、绳卷成盘放在无化学试剂、阳光的场所中，切不可折叠。应在金属配件上涂些机油，以防生锈。

（8）安全带不使用时要妥善保管，不可接触高温、明火、强酸、强碱或尖锐物体，不要存放在潮湿的仓库中保管。

（三）安全网

安全网是用来防止人、物坠落，或用来避免、减轻坠落物击伤人的网具。

安全网按构造形式可分为平网（P）、立网（L）、密目网（ML）三种。平网是指其安装平面平行于水平面，主要用来承接人和物的坠落。每张平网的质量一般不小于 5.5 kg，不超过 15 kg，并要能承受 800 N 的冲击力。立网是指其安装平面垂直于水平面，主要用来阻止人和物的坠落。每张立网的质量一般不小于 2.5 kg。平网和立网主要由网绳、边绳、系绳、筋绳组成。密目网，又称"密目式安全立网"，是指网目密度大于 2000 目/100 cm^2、垂直于水平面安装、施工期间包围整个建筑物、用于防止人员坠落及坠物伤害的有色立式网。密目网主要由网体、边绳、环扣及附加系绳构成。每张密目网的质量一般不小于 3 kg。立网、密目网不能代替平网。

一般情况下，安全网的使用应符合下列规定：

1. 施工现场使用的安全网必须有产品质量检验合格证，旧网必须有允许使用的证明书。

2. 安装前必须对网及支撑物（架）进行检查，要求支撑物（架）有足够的强度、刚性和稳定性，且系网处无撑角及尖锐边缘，确认无误时方可安装。

3. 安全网搬运时，禁止使用钩子，禁止把网拖过粗糙的表面或锐边。

4. 在施工现场安全网的支搭和拆除要严格按照施工负责人的安排进行，不得随意拆毁安全网。

5. 在使用过程中不得随意向网上乱抛杂物或撕坏网片。

6. 安装时，在每个系结点上，边绳应与支撑物（架）靠紧，并用一根独立的系绳连接，系结点沿网边均匀分布，其距离不得大于 750 mm。系结点应符合打结方便、连接牢固又容易解开，受力后又不会散脱的原则。有筋绳的网在安装时，也必须将筋绳连接在支撑物（架）上。

7. 多张网连接使用时，相邻部分应靠紧或重叠，连接绳材料与网相同时，强力不得低于网绳强力。

8. 凡高度在 4 m 以上的建筑物，首层四周必须支搭固定 3 m 宽的平网。安装平网应外高里低，以 15°为宜。平网网面不宜绷得过紧，平网内或下方应避免堆积物品，平网与下方物体表面的距离不应小于 3 m，两层平网间的距离不得超过 10 m。

9. 装立网时，安装平面应与水平面垂直，立网底部必须与脚手架全部封严。

10. 要保证安全网受力均匀，必须经常清理网上落物，网内不得有积物。

11. 安全网安装后，必须经专人检查验收合格签字后才能使用。

12. 安全网暂时不用时应存放在通风、避光、隔热、无化学品污染的仓库或专用场所。

第二节　季节施工安全管理

一、冬期施工

冬期施工，主要是制定防火、防滑、防冻、防煤气中毒、防亚硝酸钠中毒、防风等安全措施。

（一）防火要求

1. 加强冬季防火安全教育，提高全体人员的防火意识。将普遍教育与特殊防火工种的教育相结合，根据冬期施工防火工作的特点，入冬前对电气焊工、司炉工、木工、油漆工、电工、炉火安装和管理人员、警卫巡逻人员进行有针对性的教育和考试。

2. 冬期施工中，国家级重点工程、地区级重点工程、高层建筑工程及起火后不易扑救的工程，禁止使用可燃材料作为保温材料，应采用不燃或难燃材料进行保温。

3. 一般工程可采用可燃材料进行保温，但必须进行严格管理。使用可燃材料进行保温的工程，必须设专人进行监护、巡逻检查。人员的数量应根据使用可燃材料的数量、保温的面积而定。

4. 冬期施工中，保温材料定位以后，禁止一切用火、用电作业，且照明线路、照明灯具应远离可燃的保温材料。

5. 冬期施工中，保温材料使用完后，要随时进行清理，集中进行存放保管。

6. 冬季现场供暖锅炉房宜建造在施工现场的下风方向，远离在建工程、易燃可燃建筑、露天可燃材料堆场、料库等。锅炉房应不低于二级耐火等级。

7. 烧蒸汽锅炉的人员必须经过专门培训，取得司炉证后才能独立作业。烧热水锅炉的人员也要经过培训合格后方能上岗。

8. 冬期施工的加热采暖方法，应尽量使用暖气。如果用火炉，必须事先提出方案和防火措施，经消防保卫部门同意后方能开火。但在油漆、喷漆、油漆调料间以及木工房、料库、使用高分子装修材料的装修阶段，禁止使用火炉采暖。

9. 各种金属与砖砌火炉，必须完整良好，不得有裂缝。各种金属火炉与模板支柱、斜撑、拉杆等可燃物和易燃保温材料的距离不得小于 1 m，已做保护层的火炉距可燃物的距离不得小于 70 cm。各种砖砌火炉壁厚不得小于 30 cm。在没有烟囱的火炉上方不得有拉杆、斜撑等可燃物，必要时须架设铁板等非燃材料隔热，其隔热板应比炉顶外围的每一边都多出 15 cm 以上。

10. 在木地板上安装火炉，必须设置炉盘。有脚的火炉炉盘厚度不得小于 12 cm，无脚的火炉炉盘厚度不得小于 18 cm。炉盘应伸出炉门前 50 cm，伸出炉后左右各 15 cm。

11. 各种火炉应根据需要设置高出炉身的火挡。各种火炉的炉身、烟囱和烟囱出口等部分与电源线和电气设备应保持 50 cm 以上的距离。

12. 炉火必须由受过安全消防常识教育的专人看守。每人看管火炉的数量不应过多。

13. 火炉看火人应严格执行检查值班制度和操作程序。火炉着火后，不准离开工作岗位，值班时间不允许睡觉或做无关的事情。

14. 移动各种加热火炉时，必须先将火熄灭后方准移动。掏出的炉灰必须随时用水浇灭后倒在指定地点。禁止用易燃、可燃液体点火。放的煤不应过多，以不超出炉口上沿为宜，防止热煤掉出引起可燃物起火。不准在火炉上熬炼油料、烘烤易燃物品等。

15. 工程的每层都应配备灭火器材。

16. 用热电法施工，要加强检查和维修，防止触电和火灾。

（二）防滑要求

1. 冬期施工中，在施工作业前，对斜道、通行道、爬梯等作业面上的霜冻、冰块、积雪要及时清除。

2. 冬期施工中，现场脚手架搭设接高前必须将钢管上的积雪清除，等到霜冻、冰块融化后再施工。

3. 冬期施工中，若通道防滑条有损坏要及时补修。

（三）防冻要求

1. 入冬前，按照冬期施工方案材料要求提前备好保温材料，对施工现场怕受冻的材料和施工作业面（如现浇混凝土）按技术要求采用保温措施。

2. 冬期施工工地（指北方的），应尽量安装地下消火栓，在入冬前应进行一次试水，加少量润滑油。

3. 消火栓用草帘、锯末等覆盖，做好保温工作，以防冻结。

4. 冬天下雪时，应及时扫除消火栓上的积雪，以免雪化后将消火栓井盖冻住。

5. 高层临时消防竖管应进行保温或将水放空，消防水泵内应考虑采暖措施，以免冻结。

6. 入冬前，应做好消防水池的保温工作，随时进行检查，发现冻结时应进行破冻处理。一般方法是在水池上盖上木板，木板上再盖上不小于 40~50 cm 厚的稻草、锯末等。

7. 入冬前应将泡沫灭火器、清水灭火器等放入有采暖的地方，并套上保温套。

（四）防中毒要求

1. 冬季取暖炉的防煤气中毒设施必须齐全、有效，建立验收合格证制度，经验收合格发证后，方准使用。

2. 冬期施工现场加热采暖和宿舍取暖用火炉时，要注意经常通风换气。

3. 对亚硝酸钠要加强管理，严格发放制度，要按定量改革小包装并加上水泥、细砂、粉煤灰等，将其改变颜色，以防止误食中毒。

二、雨期施工

雨期施工，主要应制定防触电、防雷、防坍塌、防火、防台风等安全措施。

（一）防触电要求

1. 雨期施工到来之前，应对现场每个配电箱、用电设备、外敷电线、电缆进行一次彻底的检查，采取相应的防雨、防潮保护。

2. 配电箱必须防雨、防水，电器布置符合规定，电器元件不应破损，严禁带电明露。机电设备的金属外壳，必须采取可靠的接地或接零保护。

3. 外敷电线、电缆不得有破损。电源线不得使用裸导线和塑料线，也不得沿地面敷设，防止因短路造成起火事故。

4. 雨期到来前，应检查手持电动工具漏电保护装置是否灵敏。工地临时照明灯、标志灯，其电压不超过 36 V。特别潮湿的场所以及金属管道和容器内的照明灯不超过 12 V。

5. 阴雨天气，电气作业人员应尽量避免露天作业。

（二）防雷要求

1. 雨季到来前，塔式起重机、外用电梯、钢管脚手架、井字架、龙门架等高大设施，以及在施工的高层建筑工程等应安装可靠的避雷设施。

2. 塔式起重机的轨道，一般应设两组接地装置，对较长的轨道应每隔 20 m 补做一组接地装置。

3. 高度在 20 m 及以上的井字架、门式架等垂直运输的机具金属构架上，应将一侧的中间立杆接高，高出顶端 2 m 作为接闪器，在该立杆的下部设置接地线与接地极相连，同时，应将卷扬机的金属外壳可靠接地。

4. 在施高大建筑工程的脚手架，沿建筑物四角及四边利用钢脚手本身加高 2~3 m 做接闪器，下端与接地极相连，接闪器间距不应超过 24 m。如施工的建筑物中都有突出高点，也应做类似避雷针。随着脚手架的升高，接闪器也应及时加高。防雷引下线不应少于两处以下。

5. 雷雨季节拆除烟囱、水塔等高大建（构）筑物脚手架时，应待正式工程防雷装置安装完毕并已接地之后，再拆除脚手架。

6. 塔式起重机等施工机具的接地电阻应不大于 4 Ω，其他防雷接地电阻一般不大于 10 Ω。

（三）防坍塌要求

1. 暴雨、台风前后，应检查工地临时设施，脚手架、机电设施有无倾斜，基土有无变形、下沉等现象，发现问题及时修理加固，有严重危险的，应立即排除。

2. 雨季中，应尽量避免挖土方、管沟等作业，已挖好的基坑和沟边应采取挡水措施和排水措施。

3. 雨后施工前，应检查沟槽边有无积水，坑槽有无裂纹或土质松动现象，防止积水渗漏，造成塌方。

（四）防火要求

1. 雨期中，生石灰、石灰粉的堆放应远离可燃材料，防止因受潮或雨淋产生高热引起周围可燃材料起火。

2. 雨期中，稻草、草帘、草袋等堆垛不宜过大，垛中应留通气孔，顶部应防雨，防止因受潮、遇雨发生自燃。

3. 雨期中，电石、乙炔瓶、氧气瓶、易燃液体等应在库内或棚内存放，禁止露天存放，防止因受雷雨、日晒发生起火事故。

三、暑期施工

夏季气候火热，高温时间持续较长，应制定防火防暑降温安全措施。

（一）合理调整作息时间，避开中午高温时间工作，严格控制工人加班加点，工人的工作时间要适当缩短，保证工人有充足的休息和睡眠时间。

（二）对容器内和高温条件下的作业场所，要采取措施，搞好通风和降温。

（三）对露天作业集中和固定的场所，应搭设歇凉棚，防止热辐射，并要经常洒水降温。高温、高处作业的工人，需经常进行健康检查，发现有职业禁忌证者应及时调离高温和高处作业岗位。

（四）要及时供应合乎卫生要求的茶水、清凉含盐饮料、绿豆汤等。

（五）要经常组织医护人员深入工地进行巡回医疗和预防工作。重视年老体弱、患过中暑者和血压较高的工人的身体情况的变化。

（六）及时给职工发放防暑降温的急救药品和劳动保护用品。

第三节 施工用电安全管理

一、施工用电基本要求与事故隐患

（一）施工用电组织设计

1. 临时用电组织设计范围

按照《施工现场临时用电安全技术规范》的规定，临时用电设备在 5 台及 5 台以上或设备总容量在 50 kW 及 50 kW 以上者，应编制临时用电施工组织设计，临时用电设备在 5 台以下或设备总容量在 50 kW 以下者，应制定安全用电技术措施及电气防火措施。

2. 临时用电组织设计的主要内容

（1）现场勘测。

（2）确定电源进线、变电所或配电室、配电装置、用电设备位置及线路走向。

（3）进行负荷计算。

（4）选择变压器。

（5）设计配电系统。主要内容包括设计配电线路、配电装置和接地装置等。

（6）设计防雷装置。

（7）确定防护措施。

（8）制定安全用电措施和电气防火措施。

3. 临时用电组织设计程序

（1）临时用电工程图纸应单独绘制，临时用电工程应按图施工。

（2）临时用电组织设计及变更时，必须履行"编制、审核、批准"程序，由电气工程技术人员组织编制，经相关部门审核及具有法人资格企业的技术负责人批准后实施。变更用电组织设计时应补充有关图纸资料。

（3）临时用电工程必须经编制、审核、批准部门和使用单位共同验收，合格后方可投入使用。

4. 临时用电施工组织设计审批手续

（1）施工现场临时用电施工组织设计必须由施工单位的电气工程技术人员编制，技术负责人审核。封面上要注明工程名称、施工单位、编制人并加盖单位公章。

（2）施工单位所编制的临时用电施工组织设计，必须符合《施工现场临时用电安全技术规范》中的有关规定。

（3）临时用电施工组织设计必须在开工前 15 日内报上级主管部门审核，批准后方可进行临时用电施工。施工时要严格执行审核后的施工组织设计，按图施工。当需要变更施工组织设计时，应补充有关图纸资料。同样，需要上报主管部门批准，待批准后，按照修改前、后的临时用电施工组织设计对照施工。

（二）施工用电的人员要求与技术交底

1. 施工用电的人员要求

（1）电工必须经过按国家现行标准考核合格后，持证上岗工作；其他用电人员必须通过相关安全教育培训和技术交底，考核合格后方可上岗工作。

（2）安装、巡检、维修或拆除临时用电设备和线路，必须由电工完成，并应有人监护。

（3）电工等级应同工程的难易程度和技术复杂性相适应。

（4）各类用电人员应掌握安全用电基本知识和所用设备的性能。

（5）使用电气设备前必须按规定穿戴和配备好相应的劳动防护用品，并应检查电气装置和保护设施，严禁设备带"缺陷"运转。

（6）用电人员负责保管和维护所用设备，发现问题及时报告解决。

（7）现场暂时停用设备的开关箱必须分断电源隔离开关，并应关门上锁。

（8）用电人员移动电气设备时，必须经电工切断电源并做妥善处理后进行。

2. 施工用电的安全技术交底

对于现场中一些固定机械设备的防护，应和操作人员进行如下交底：

（1）开机前，认真检查开关箱内的控制开关设备是否齐全、有效，漏电保护器是否可靠，发现问题及时向工长汇报，工长派电工处理。

（2）开机前，仔细检查电气设备的接零保护线端子有无松动。严禁赤手触摸一切带电绝缘导线。

（3）严格执行安全用电规范。凡一切属于电气维修、安装的工作，必须由电工来操作。严禁非电工进行电工作业。

（4）施工现场临时用电施工，必须执行施工组织设计和安全操作规程。

（三）施工用电安全技术档案

1. 施工现场临时用电必须建立安全技术档案，并应包括下列内容：

（1）用电组织设计的全部资料。

（2）修改用电组织设计的资料。

（3）用电技术交底资料。

（4）用电工程检查验收表。

（5）电气设备的试验、检验凭单和调试记录。

（6）接地电阻、绝缘电阻和漏电保护器漏电动作参数测定记录表。

（7）定期检（复）查表。

（8）电工安装、巡检、维修、拆除工作记录。

2. 安全技术档案应由主管现场的电气技术人员负责建立与管理。其中，电工安装、巡检、维修、拆除工作记录可指定电工代管，每周由项目经理审核认可，并应在临时用电工程拆除后统一归档。

3. 临时用电工程应定期检查。定期检查时，应复查接地电阻值和绝缘电阻值。

4. 临时用电工程定期检查应按分部分项工程进行，对安全隐患必须及时处理，并应履行复查验收手续。

（四）用电作业存在的事故隐患

1. 施工现场临时用电未建立安全技术档案。

2. 未按要求使用安全电压。

3. 停用设备未拉闸断电，并锁好开关箱。

4. 电气设备设施采用不合格产品。

5. 灯具金属外壳未做保护接零。

6. 电箱内的电器和导线有带电明露部分，相线使用端子板连接。

7. 电缆过路无保护措施。

8. 36 V 安全电压照明线路混乱和接头处未用绝缘胶布包扎。

9. 电工作业未穿绝缘鞋，作业工具绝缘破坏。

10. 用铝导体、带肋钢筋作接地体或垂直接地体。

11. 配电不符合三级配电二级保护的要求。

12. 搬迁或移动用电设备未切断电源，未经电工妥善处理。

13. 施工用电设备和设施线路裸露，电线老化破皮未包。

14. 照明线路混乱，接头未绝缘。

15. 停电时未挂警示牌。带电作业现场无监护人。

16. 保护零线和工作零线混接。

17. 配电箱的箱门内无系统图和开关电器未标明用途无专人负责。

18. 未使用五芯电缆，使用四芯加一芯代替五芯电缆。

19. 外电与设施设备之间的距离小于安全距离又无防护或防护措施不符合要求。

20. 电气设备发现问题未及时请专业电工检修。

21. 在潮湿场所不使用安全电压。

22. 闸刀损坏或闸具不符合要求。

23. 电箱无门、无锁、无防雨措施。

24. 电箱安装位置不当，周围杂物多，没有明显的安全标志。

25. 高度小于 2.4 m 的室内未用安全电压。

26. 现场缺乏相应的专业电工，电工不掌握所有用电设备的性能。

27. 接触带电导体或接触与带电体（含电源线）连通的金属物体。

28. 用其他金属丝代替熔丝。

29. 开关箱无漏电保护器或失灵，漏电保护装置参数不匹配。

30. 各种机械未做保护接零或无漏电保护器。

二、配电系统安全技术

施工现场临时用电必须采用三级配电系统。三级配电是指施工现场从电源进线开始至用电设备之间，应经过三级配电装置配送电力，即由总配电箱（一级箱）或配电室的配电柜开始，依次经由分配电箱（二级箱）、开关箱（三级箱）到用电设备。

（一）配电系统设置规则

三级配电系统应遵守四项规则，即分级分路规则、动照分设规则、压缩配电间距规则和环境安全规则。

1. 分级分路

（1）从一级总配电箱（配电柜）向二级分配电箱配电可以分路。

（2）从二级分配电箱向三级开关箱配电同样也可以分路。

（3）从三级开关箱向用电设备配电实行所谓"一机一闸"制，不存在分路问题。

按照分级分路规则的要求，在三级配电系统中，任何用电设备均不得越级配电，即其电源线不得直接连接分配电箱或总配电箱，任何配电装置不得挂接其他临时用电设备。否则，三级配电系统的结构形式和分级分路规则将被破坏。

2. 动照分设

（1）动力配电箱与照明配电箱宜分别设置。若动力与照明合置于同一配电箱内共箱配电，则动力与照明应分路配电。

（2）动力开关箱与照明开关箱必须分箱设置，不存在共箱分路设置问题。

3. 压缩配电间距

压缩配电间距规则是指除总配电箱、配电室（配电柜）外，分配电箱与开关箱之间，开关箱与用电设备之间的空间间距应尽量缩短。按照《施工现场临时用电安全技术规范》的规定，压缩配电间距规则可用以下三个要点说明：

（1）分配电箱应设在用电设备或负荷相对集中的场所。

（2）分配电箱与开关箱的距离不得超过 30 m。

（3）开关箱与其供电的固定式用电设备的水平距离不宜超过 3 m。

4. 环境安全

环境安全规则是指配电系统对其设置和运行环境安全因素的要求。主要是指对易燃易爆物、腐蚀介质、机械损伤、电磁辐射、静电等因素的防护要求，防止由其引发设备损坏、触电和电气火灾事故。

（二）配电室及自备电源

1. 配电室的位置要求

（1）靠近电源。

（2）靠近负荷中心。

（3）进出线方便。

（4）周边道路畅通。

（5）周围环境灰尘少、潮气少、振动少、无腐蚀介质、无易燃易爆物、无积水。

（6）避开污染源的下风侧和易积水场所的正下方。

2. 配电室的布置

配电室的布置主要是指配电室内配电柜的空间排列。

（1）配电柜正面的操作通道宽度，单列布置或双列背对背布置时不小于 1.5 m，双列面对面布置时不小于 2 m。

（2）配电柜后面的维护通道宽度，单列布置或双列面对面布置时不小于 0.8 m，双列背对背布置时不小于 1.5 m，个别地点有建筑物结构凸出的空地，则此点通道宽度可减少 0.2 m。

（3）配电柜侧面的维护通道宽度不小于 1 m，配电室顶棚与地面的距离不低于 3 m。

（4）配电室内设值班室或检修室时，该室边缘与配电柜的水平距离大于 1 m，并采取屏障隔离。

（5）配电室内的裸母线与地面通道的垂直距离不小于 2.5 m，小于 2.5 m 时应采取遮栏隔声，遮栏下面的通道高度不小于 1.9 m。

（6）配电室围栏上端与其正上方带电部分的净距不小于 75 mm。

（7）配电装置上端（包括配电柜顶部与配电母线）距离天棚不小于 0.5 m。

（8）配电室经常保持整洁，无杂物。

3. 配电室的照明

配电室的照明应包括两个彼此独立的照明系统：一是正常照明；二是事故照明。

4. 自备电源的设置

按照《施工现场临时用电安全技术规范》规定，施工现场设置的自备电源，是指自行设置的 230 V/400 V 发电机组。施工现场设置自备电源主要是基于以下两种情况：

（1）正常用电时，由外电线路电源供电，自备电源仅作为外电线路电源停止供电时的后备接续供电电源。

（2）正常用电时，无外电线路电源可用，自备电源即作为正常用电的电源。

（三）配电箱及开关箱

1. 配电箱和开关箱的安装要求

（1）位置选择。总配电箱位置应综合考虑便于电源引入，靠近负荷中心，减少配电线路等因素确定。

分配电箱应考虑用电设备分布状况，分片装在用电设备或负荷相对集中的地区，一般分配电箱与开关箱距离应不超过 30 m。

（2）环境要求。配电箱、开关箱应装设在干燥通风及常温场所，无严重瓦斯、烟气、蒸汽、液体及其他有害介质，无外力撞击和强烈振动、液体浸溅及热源烘烤的场所，否则应做特殊处理。

配电箱、开关箱周围应有足够两人同时工作的空间和通道，附近不应堆放任何妨碍操作、维修的物品，不得有灌木、杂草。

（3）安装高度。固定式配电箱、开关箱的中心点与地面垂直距离应为 1.4~1.6 m。移动式分配电箱、开关箱中心点与地面的垂直距离宜为 0.8~1.6 m。

2. 配电装置的选择

（1）总配电箱应装设总隔离开关和分路隔离开关、总熔断器和分熔断器（或自动开关和分路自动开关）以及漏电保护器。若漏电保护器同时具备短路、过载、漏电保护功能，则可不设总路熔断器或分路自动开关。总开关电器的额定值、动作整定值应与分路开关电器的额定值、动作整定值相适应。

总配电箱应设电压表、总电流表、总电度表及其他仪器。

（2）分配电箱应装设总隔离开关和分路隔离开关总熔断器和分熔断器（或自动开关和分路自动开关）。总开关电器的额定值、动作整定值应与分路开关电器的额定值、动作整定值相适应。

（3）每台用电设备应有各自的开关箱，箱内必须装有隔离开关和漏电保护器。漏电保护器应安装在隔离开关的负荷侧，严禁用同一个开关电器直接控制两台及两台以上用电设备（包括插座）（即"一机、一闸、一防、一箱"）。

（4）关于隔离开关。隔离开关一般多用于高压变配电装置中。《施工现场临时用电安全技术规范》考虑到施工现场实际情况，规定了总配电箱、分配电箱以及开关箱中，都要装设隔离开关，满足在任何情况下都可以使用电设备实现电源隔离。

隔离开关必须是能使工作人员可以看见的在空气中有一定间隔的断路点。一般可将闸刀开关、闸刀型转换开关和熔断器用作电源隔离开关。但空气开关（自动空气断路器）不能作隔离开关。

一般隔离开关没有灭弧能力，绝对不可带负荷拉闸合闸，否则造成电弧伤人和其他事故。因此，在操作中，必须在负荷开关切断后，才能拉开隔离开关；只有在先合上隔离开关后，再合负荷开关。

3. 其他要求

（1）配电箱、开关箱应采用冷轧钢板或阻燃绝缘材料制作，钢板厚度应为 1.2~2.0 mm，其中，开关箱箱体钢板厚度不得小于 1.2 mm，配电箱箱体钢板厚度不得小于1.5 mm，箱体表面应做防腐处理。

（2）配电箱、开关箱应装设端正、牢固。固定式配电箱、开关箱的中心点与地面垂直距离应为 1.4~1.6 m。移动式分配电箱、开关箱中心点与地面的垂直距离宜为 0.8~1.6 m。

（3）配电箱、开关箱内的电器（包括插座）应先安装在金属或非木质阻燃绝缘电器安装板上，然后方可整体固定在配电箱、开关箱箱体内。

（4）配电箱、开关箱内的电器（包括插座）应按其规定位置固定在电器安装板上，不得歪斜和松动。

（5）配电箱的电器安装板上必须分设 N 线端子板和 PE 线端子板。N 线端子板必须与金属电器安装板绝缘；PE 线端子板必须与金属电器安装板做电气连接。

进出线中的 N 线必须通过 N 线端子板连接，PE 线必须通过 PE 线端子板连接。

（6）配电箱金属箱体及箱内不应带电金属体都必须做保护接零，保护零线应通过接线端子连接。

（7）配电箱、开关箱的电源进线端严禁采用插头和插座做活动连接。

（8）配电箱、开关箱的导线的进线和出线应设在箱体的下端，严禁设在箱体的上顶面、侧面、后面或箱门处。进、出线应加护套，分路成束并做防水套，导线不得与箱体进出口直接接触。

（9）所有的配电箱均应标明其名称、用途并做出分路标记。

（10）所有的配电箱、开关箱应每月进行检查和维修一次。检查、维修人员必须是专业电工。检查维修时必须按规定穿戴绝缘鞋、手套，必须使用电工绝缘工具。

（11）对配电箱、开关箱进行检查、维修时，必须将其前一级相应的电源分闸断电，并悬挂"禁止合闸，有人工作"的停电标志牌，严禁带电作业。

（12）所有配电箱、开关箱在使用过程中必须按照下述操作顺序：

①送电操作顺序为：总配电箱—分配电箱—开关箱。

②停电操作顺序为：开关箱—分配电箱—总配电箱。

三、施工照明、保护系统及外电防护安全技术

（一）施工照明

1. 施工照明的一般安全规定

（1）在坑、洞、井内作业、夜间施工或厂房、道路、仓库、办公室、食堂、宿舍、料具堆放场及自然采光差的场所，应设一般照明、局部照明或混合照明。在一个工作场所内，不得只装设局部照明。停电后，操作人员需及时撤离的施工现场，必须装设自备电源的应急照明。

（2）照明器的选择必须按下列环境条件确定：

①正常湿度的一般场所，选用开启式照明器。

②潮湿或特别潮湿的场所，选用密闭型防水照明器或配有防水灯头的开启式照明器。

③含有大量尘埃但无爆炸和火灾危险的场所，选用防尘型照明器。

④有爆炸和火灾危险的场所，按危险场所等级选用防爆型照明器。

⑤存在较强振动的场所，选用防振型照明器。

⑥有酸碱等强腐蚀介质的场所，采用耐酸碱型照明器。

（3）照明器具和器材的质量应符合国家现行有关强制性标准的规定，不得使用绝缘老化或破损的器具和器材。

（4）无自然采光的地下大空间施工场所，应编制单项照明用电方案。

2. 照明供电安全规定

（1）一般场所宜选用额定电压为 220 V 的照明器。

（2）下列特殊场所应使用安全特低电压照明器：

①隧道、人防工程、高温、有导电灰尘、比较潮湿或灯具离地面高度低于 2.5 m 等场所的照明，电源电压不应大于 36 V。

②潮湿和易触及带电体场所的照明，电源电压不得大于 24 V。

③特别潮湿的场所、导电良好的地面、锅炉或金属容器内的照明，电源电压不得大于 12 V。

（3）使用行灯应符合下列要求：

①电源电压不大于 36 V。

②灯体与手柄应坚固、绝缘良好并耐热耐潮湿。

③灯头与灯体结合牢固，灯头无开关。

④灯泡外部有金属保护网。

⑤金属网、反光罩、悬吊挂钩固定在灯具的绝缘部位上。

（4）照明变压器必须使用双绕组型安全隔离变压器，严禁使用自耦变压器。

（5）照明系统宜使三相负荷平衡，其中，每一个单相回路上，灯具和插座数量不宜超过 25 个，负荷电流不宜超过 15 A。

（6）携带式变压器的一次侧电源线应采用橡皮护套或塑料护套软电缆，中间不得有接头，长度不宜超过 3 m，其中，绿/黄双色线只可作 PE 线使用，电源插销应有保护触头。

（7）工作零线截面应按下列规定选择：

①单相二线及二相二线线路中，零线截面与相线截面相同。

②三相四线制线路中，当照明器为白炽灯时，零线截面不小于相线截面的 50%；当照明器为气体放电灯时，零线截面按最大负载的电流选择。

③在逐相切断的三相照明电路中，零线截面与最大负载相线截面相同。

3. 照明装置安全规定

（1）照明灯具的金属外壳必须与 PE 线相连接。照明开关箱内必须装设隔离开关、短路与过载保护器和漏电保护器。

（2）室外 220 V 灯具距地面不得低于 3 m，室内 220 V 灯具距地面不得低于 2.5 m。普通灯具与易燃物距离不宜小于 300 mm；聚光灯、碘钨灯等高热灯具与易燃物距离不宜小于 500 mm，且不得直接照射易燃物。达不到规定安全距离时，应采取隔热措施。

（3）路灯的每个灯具应单独装设熔断器保护。灯头线应做防水弯。

（4）荧光灯管应采用管座固定或用吊链悬挂。荧光灯的镇流器不得安装在易燃的结构物上。

（5）螺口灯头及其接线应符合下列要求：

①灯头的绝缘外壳无损伤、无漏电。

②相线接在与中心触头相连的一端，零线接在与螺纹口相连的一端。

（6）灯具内的接线必须牢固。灯具外的接线必须做可靠的防水绝缘包扎。

（7）暂设工程的照明灯具宜采用拉线开关控制。开关安装位置宜符合下列要求：

①拉线开关距离地面高度为 2~3 m，与出入口的水平距离为 0.15~0.2 m。拉线的出口应向下。

②其他开关距离地面高度为 1.3 m，与出入口的水平距离为 0.15~0.2 m。

（8）灯具的相线必须经开关控制，不得将相线直接引入灯具。

（9）对于夜间影响飞机或车辆通行的在建工程及机械设备，必须安装醒目的红色信号灯。其电源应设在施工现场电源总开关的前侧，并应设置外电线路停止供电时应急自备电源。

（二）保护系统

1. 保护系统的种类

施工现场临时用电必须采用 TN-S 接地、接零保护系统，二级漏电保护系统，过载、短路保护系统三种保护系统。

（1）TN-S 接地、接零保护系统。接地是指将电气设备的某一可导电部分与大地之间用导体作为电气连接，简单地说，是设备与大地做金属性连接。接零是指电气设备与零线连接。TN-S 接地、接零保护系统，简称 TN-S 系统，即变压器中性点接地、保护零线 PE 与工作零线 N 分开的三相五线制低压电力系统。其特点是变压器低压侧中性点直接接地，变压器低压侧引出 5 条线（3 条相线、1 条工作零线、1 条保护零线）。TN-S 符号的含义是：T 表示接地，N 表示接零，S 表示保护零线与工作零线分开。

（2）二级漏电保护系统。二级漏电保护是指在整个施工现场临时用电工程中，总配电箱中必须装设漏电保护器，开关箱中也必须装设漏电保护器。这种由总配电箱和所有开关箱中的漏电保护器所构成的漏电保护系统称为二级漏电保护系统。

（3）过载、短路保护系统。预防过载、短路故障危害的有效技术措施就是在基本供配电系统中设置过载、短路保护系统。过载、短路保护系统可通过在总配电箱、分配电箱、开关箱中设置过载、短路保护电器实现。这里需要指出，过载、短路保护系统必须按三级设置，即在总配电箱、分配电箱、开关箱及其各分路中都要设置过载、短路保护电器。用作过载、短路保护的电器主要有各种类型的断路器和熔断器。

2. 接零接地及防雷存在的事故隐患

（1）固定式设备未使用专用开关箱，未执行"一机、一闸、一漏、一箱"的规定。

（2）施工现场的电力系统利用大地做相线和零线。

（3）电气设备的不带电的外露导电部分，未做保护接零。

（4）使用绿/黄双色线做负荷线。

（5）现场专用中性点直接接地的电力线路未采用 TN-S 接零保护系统。

（6）做防雷接地的电气设备未同时做重复接地。

（7）保护零线未单独敷设，并做他用。

（8）电力变压器的工作接地电阻大于 4Ω。

（9）塔式起重机（含外用电梯）的防雷冲击接地电阻值大于 $10\,\Omega$。

（10）保护零线装设开关或熔断器，零线有拧缠式接头。

（11）同一供电系统一部分设备做保护接零，另一部分设备保护接地（除电梯、塔式起重机设备外）。

（12）保护零线未按规定在配电线路做重复接地。

（13）重复接地装置的接地电阻值大于 10Ω。

（14）潮湿和条件特别恶劣的施工现场的电气设备未采用保护接零。

3. 接零与接地的一般规定

（1）在施工现场专用变压器供电的 TN-S 接零保护系统中，电气设备的金属外壳必须与保护零线连接。保护零线应由工作接地线、配电室（总配电箱）电源侧零线或总漏电保护器电源侧零线处引出。

（2）当施工现场与外电线路共用同一供电系统时，电气设备的接地、接零保护应与原系统保持一致，不得一部分设备做保护接零，另一部分设备做保护接地。

（3）采用 TN 系统做保护接零时，工作零线（N 线）必须通过总漏电保护器，保护零线（PE 线）必须由电源进线零线重复接地处或总漏电保护器电源侧零线处，引出形成局部 TN-S 接零保护系统。

（4）在 TN 接零保护系统中，通过总漏电保护器的工作零线与保护零线之间不得再做电气连接。

（5）在 TN 接零保护系统中，PE 零线应单独敷设。重复接地线必须与 PE 线相连接，严禁与 N 线相连接。

（6）使用一次侧由 50 V 以上电压的接零保护系统供电，二次侧为 50 V 及以下电压的安全隔离变压器时，二次侧不得接地，并应将二次线路用绝缘管保护或采用橡皮护套软线。

（7）当采用普通隔离变压器时，其二次侧一端应接地，且变压器正常不带电的外露可导电部分应与一次回路保护零线相连接。

（8）变压器应采取防直接接触带电体的保护措施。

（9）施工现场的临时用电电力系统严禁利用大地做相线或零线。

（10）TN 系统中的保护零线除必须在配电室或总配电箱处做重复接地外，还必须在配电系统的中间处和末端处做重复接地。

（11）在 TN 系统中，严禁将单独敷设的工作零线再做重复接地。

（12）接地装置的设置应考虑土壤干燥或冻结及季节变化的影响。但防雷装置的冲击接地电阻值只考虑在雷雨季节中土壤干燥状态的影响。

（13）保护零线必须采用绝缘导线。

4. 接零与接地的安全技术要点

（1）保护接零

①在 TN 系统中，下列电气设备不带电的外露可导电部分应做保护接零：

a. 电机、变压器、电器、照明器具、手持式电动工具的金属外壳。

b. 电气设备传动装置的金属部件。

c. 配电柜与控制柜的金属框架。

d. 配电装置的金属箱体、框架及靠近带电部分的金属围栏和金属门。

e. 电力线路的金属保护管、敷线的钢索、起重机的底座和轨道、滑升模底板金属操作平台等。

f. 安装在电力线路杆（塔）上的开关、电容器等电气装置的金属外壳及支架。

②城防、人防、隧道等潮湿或条件特别恶劣施工现场的电气设备必须采用保护接零。

③在 TN 系统中，下列电气设备不带电的外露可导电部分，可不做保护接零：

a. 在木质、沥青等不良导电地坪的干燥房间内，交流电压 380 V 及以下的电气装置金属外壳（当维修人员可能同时触及电气设备金属外壳和接地金属物件时除外）。

b. 安装在配电柜、控制柜金属框架和配电箱的金属箱体上，且与其可靠电气连接的电气测量仪表、电流互感器、电器的金属外壳。

（2）接地与接地电阻

①单台容量超过 100 kV·A 或使用同一接地装置并联运行且总容量超过 100 kV·A 的

电力变压器或发电机的工作接地电阻值不得大于4Ω。

②单台容量不超过100 kV·A或使用同一接地装置并联运行且总容量不超过100 kV·A的电力变压器或发电机的工作接地电阻值不得大于10 Ω。

③在土壤电阻率大于1000 Ω·m的地区，当接地电阻值达到10Ω。有困难时，工作接地电阻值可提高到30Ω。

④在TN系统中，保护零线每一处重复接地装置的接地电阻值不应大于10Ω。在工作接地电阻值允许达到10 Ω的电力系统中，所有重复接地的等效电阻值不应大于10Ω。

⑤每一接地装置的接地线应采用2根及以上导体，在不同点与接地体做电气连接。

⑥不得采用铝导体作为接地体或地下接地线。垂直接地体宜采用角钢、钢管或光面圆钢，不得采用螺纹钢。

⑦接地可利用自然接地体，但应保证其电气连接和热稳定。

⑧移动式发电机供电的用电设备，其金属外壳或底座应与发电机电源的接地装置有可靠的电气连接。

⑨在有静电的施工现场内，对集聚在机械设备上的静电应采取接地泄漏措施。每组专设的静电接地体的接地电阻值不应大于100 Ω，高土壤电阻率地区不应大于1000Ω。

5. 防雷安全技术

（1）在土壤电阻率低于200 Ω·m区域的电杆，可不另设防雷接地装置，但在配电室的架空进线或出线处应将绝缘于铁脚与配电室的接地装置相连接。

（2）机械设备或设施的防雷引下线可利用该设备或设施的金属结构体，但是应保证电气连接。

（3）机械设备上的避雷针（接闪器）长度应为1~2 m。塔式起重机可另设避雷针（接闪器）。

（4）安装避雷针（接闪器）的机械设备，所有固定的动力、控制、照明、信号及通信线路，应采用钢管敷设。钢管与该机械设备的金属结构体应做电气连接。

（5）施工现场内所有防雷装置的冲击接地电阻值不得大于30Ω。

（6）做防雷接地机械上的电气设备，所连接的PE线必须同时做重复接地。同一台机械电气设备的重复接地和机械的防雷接地可共用同一接地体。但是接地电阻应符合重复接地电阻值的要求。

（三）外电防护安全技术

在施工现场周围往往存在一些高、低压电力线路，这些不属于施工现场的外界电力线路统称为外电线路。外电线路一般为10 kV以上或220 V/380 V的架空线路，个别现场也会遇到电缆线路。由于外电线路的位置已固定，因而，其与施工现场的相对距离也难以改变，这就给施工现场作业安全带来了一个不利影响因素。如果施工现场距离外电线路较近，往往会因施工人员搬运物料、器具（尤其是金属料具）或操作不慎意外触及外电线路，从而发生直接接触触电伤害事故。因此，当施工现场邻近外电线路作业时，为了防止外电线路对施工现场作业人员可能造成的危害，施工现场必须对其采取相应的防护措施，这种对外电线路可能引起触电伤害的防护称为外电线路防护，简称外电防护。

外电线路存在的安全隐患主要包括以下七个方面：

1. 起重机和吊物边缘与架空线的最小水平距离小于安全距离，未搭设安全防护设施，未悬挂醒目的警告标示牌。

2. 在高低压线路下施工、搭设作业棚、建造生活设施或堆放构件、架体和材料。

3. 机动车道和架空线路交叉，垂直距离小于安全距离。

4. 土方开挖非热管道与埋地电缆之间的距离小于 0.5 m。

5. 架设外电防护设施无电气工程技术人员和专职安全员负责监护。

6. 外电架空线路附近开沟槽时无防止电杆倾倒措施。

7. 在建工程和脚手架外侧边缘与外电架空线路的边线未达到安全距离并未采取防护措施，且未悬挂醒目的警告标示牌。

外电防护属于对直接接触触电的防护。直接接触防护的基本措施是：绝缘、屏护、安全距离、限制放电能量、采用 24 V 及以下安全特低电压。上述五项基本措施具有普遍适用的意义。但是外电防护这种特殊的防护对于施工现场，其防护措施主要应是做到绝缘、屏护、安全距离。概括来说，第一，保证安全操作距离；第二，架设安全防护设施；第三，无足够安全操作距离，且无可靠安全防护设施的施工现场暂停作业。

第四节　施工机械安全管理

一、塔式起重机

（一）塔式起重机常见事故隐患

塔式起重机事故主要有五大类，即整机倾覆、起重臂折断或碰坏、塔身折断或底架碰坏、塔式起重机出轨、机构损坏。其中，塔式起重机的倾覆和断臂等事故占了70%。引起这些事故发生的隐患主要有以下内容：

1. 塔式起重机安拆人员未经过培训、安拆企业无塔式起重机装拆资质或无相应的资质。

2. 高塔基础不符合设计要求。

3. 行走式起重机路基不坚实、不平整，轨道铺设不符合要求。

4. 无力矩限制器或失效。

5. 无超高变幅行走限位或失效。

6. 吊钩无保险或吊钩磨损超标。

7. 轨道无极限位置阻挡器或设置不合理。

8. 两台以上起重机作业无防碰撞措施。

9. 升降作业无良好的照明。

10. 塔式起重机升降时仍进行回转。

11. 顶升撑脚就位后未插上安全销。

12. 轨道无接地接零或不符合要求。

13. 塔式起重机、卷扬机滚筒无保险装置。

14. 起重机的接地电阻大于 4Ω。

15. 塔式起重机高度超过规定不安装附墙。

16. 起重机与架空线路小于安全距离无防护。

17. 行走式起重机作业完不使用夹轨钳固定。

18. 塔式起重机起重作业时吊点附近有人员站立和行走。

19. 塔身支承梁未稳固仍进行顶升作业。

20. 内爬后遗留下的开孔位未做好封闭措施。

21. 自升塔式起重机爬升套架未固定牢或顶升撑脚未固定就顶升。

22. 固定内爬框架的楼层楼板未达到承载要求仍作为固定点。

23. 附墙距离和附墙间距超过使用标准未经许可仍使用。

24. 附墙构件和附墙点的受力未满足起重机附墙要求。

25. 塔式起重机悬臂自由端超过使用标准仍使用。

26. 作业中遇停电或电压下降时未及时将控制器回到零位。

27. 动臂式起重机吊运载荷达到额定起重量 90%以上仍进行变幅运行。

28. 塔式起重机内爬升降过程仍进行起升、回转、变幅等作业。

29. 作业时未清除或避开回转半径内的障碍物。

30. 动臂式起重机变幅与起升或回转行走等同时进行。

31. 塔式起重机升降时标准节和顶升套架间隙超过标准不调整继续升降。

32. 塔式起重机升降时起重臂和平衡臂未处于平衡状态下进行顶升。

33. 起重指挥失误或与司机配合不当。

34. 超载起吊或违章斜吊。

35. 没有正确地挂钩，盛放或捆绑吊物不妥。

36. 恶劣天气进行起重机拆装和升降工作。

37. 设备缺乏定期检修保养，安全装置失灵、违章修理。

（二） 塔式起重机安装、使用、拆卸的基本规定

1. 塔式起重机安装、拆卸单位必须在资质许可范围内，从事塔式起重机的安装、拆卸业务。

一级企业可承担各类起重设备的安装与拆卸；二级企业可承担单项合同额不超过企业注册资本金 5 倍的 1000 kN·m 及以下塔式起重机等起重设备，120 t 及以下起重机和龙门吊的安装与拆卸；三级企业可承担单项合同额不超过企业注册资本金 5 倍的 800 kN·m 及以下塔式起重机等起重设备、60 t 及以下起重机和龙门吊的安装与拆卸。

2. 塔式起重机安装、拆卸单位应具备安全管理保证体系，有健全的安全管理制度。

3. 塔式起重机安装、拆卸作业应配备下列人员：

（1） 持有安全生产考核合格证书的项目和安全负责人、机械管理人员。

（2） 具有建筑施工特种作业操作资格证书的建筑起重机械安装拆卸工、起重信号工、起重司机、司索工等特种作业操作人员。

4. 塔式起重机应具有特种设备制造许可证、产品合格证、制造监督检验证明，并已在住房城乡建设主管部门备案登记。

5. 塔式起重机应符合现行国家标准《塔式起重机安全规程》及《塔式起重机》的相关规定。

6. 塔式起重机启用前应检查下列项目：

（1） 塔式起重机的备案登记证明等文件。

（2） 建筑施工特种作业人员的操作资格证书。

（3） 专项施工方案。

（4） 建筑起重机械的合格证及操作人员资格证。

7. 应对塔式起重机建立技术档案，其技术档案应包括下列内容：

（1） 购销合同、制造许可证、产品合格证、制造监督检验证明、安装使用说明书、备案证明等原始资料。

（2） 定期检验报告、定期自行检查记录、定期维护保养记录、维修和技术改造记录、运行故障和生产安全事故记录、累计运转记录等运行资料。

（3） 历次安装验收资料。

8. 有下列情况的塔式起重机严禁使用：

（1） 国家明令淘汰的产品。

第三章 建筑施工专项安全技术

（2）超过规定使用年限经评估不合格的产品。

（3）不符合国家或行业标准的产品。

（4）没有完整安全技术档案的产品。

9. 塔式起重机的选型和布置应满足工程施工要求，便于安装和拆卸，并不得损害周边其他建（构）筑物。

10. 塔式起重机安装、拆卸前，应编制专项施工方案，指导作业人员实施安装、拆卸作业。专项施工方案应根据塔式起重机产品说明书和作业场地的实际情况编制，并应符合相关法规、规程、标准的要求。专项施工方案应由本单位技术、安全、设备等部门审核、技术负责人审批后，经监理单位批准实施。

11. 当多台塔式起重机在同一施工现场交叉作业时，应编制专项方案，并应采取防碰撞的安全措施。任意两台塔式起重机之间的最小架设距离应符合下列规定：

（1）低位塔式起重机的起重臂端部与另一台塔式起重机的塔身之间的距离不得小于2 m。

（2）高位塔式起重机的最低位置的部件（吊钩升至最高点或平衡重的最低部位）与低位塔式起重机中处于最高位置部件之间的垂直距离不得小于2 m。

12. 塔式起重机在安装前和使用过程中，应按相关规定进行检查，发现有下列情况之一的，不得安装和使用：

（1）结构件上有可见裂纹和严重锈蚀的。

（2）主要受力构件存在塑性变形的。

（3）连接件存在严重磨损和塑性变形的。

（4）钢丝绳达到报废标准的。

（5）安全装置不齐全或失效的。

13. 在塔式起重机的安装、使用及拆卸阶段，进入现场的作业人员必须佩戴安全帽、防滑鞋、安全带等防护用品，无关人员严禁进入作业区域内。在安装、拆卸作业期间，应设立警戒区。

14. 塔式起重机使用时，起重臂和吊物下方严禁有人员停留；物件吊运时，严禁从人员上方通过。

15. 严禁用塔式起重机载运人员。

（三）塔式起重机安装安全技术

1. 塔式起重机安装条件

（1）塔式起重机安装前，必须经维修保养，并应进行全面的检查，确认合格后方可安装。

85

（2）塔式起重机的基础及其地基承载力应符合产品说明书和设计图纸的要求。安装前应对基础进行验收，合格后方能安装。基础周围应有排水设施。

（3）行走式塔式起重机的轨道及基础应按产品说明书的要求进行设置，且应符合现行国家标准《塔式起重机安全规程》及《塔式起重机》的规定。

（4）内爬式塔式起重机的基础、锚固、爬升支承结构等应根据产品说明书提供的荷载进行设计计算，并应对内爬式塔式起重机的建筑承载结构进行验算。

2. 安装作业，应根据专项施工方案要求实施。安装作业人员应分工明确、职责清楚。安装前应对安装作业人员进行安全技术交底，交底人和被交底人双方应在交底书上签字，专职安全员应监督整个交底过程。

3. 安装辅助设备就位后，应对其机械和安全性能进行检验，合格后方可作业。

4. 安装所使用的钢丝绳、卡环、吊钩和辅助支架等起重机具均应符合《建筑施工塔式起重机安装、使用、拆卸安全技术规程》的规定，并应经检查合格后方可使用。

5. 安装作业中应统一指挥，明确指挥信号。当视线受阻、距离过远时，应采用对讲机或多级指挥。

6. 自升式塔式起重机的顶升加节，应符合下列要求：

（1）顶升系统必须完好。

（2）结构件必须完好。

（3）顶升前，塔式起重机下支座与顶升套架应可靠连接。

（4）顶升前，应确保顶升横梁搁置正确。

（5）顶升前，应将塔式起重机配平；在顶升过程中，应确保塔式起重机的平衡。

（6）顶升加节的顺序，应符合产品说明书的规定。

（7）在顶升过程中，不应进行起升、回转、变幅等操作。

（8）顶升结束后，应将标准节与回转下支座可靠连接。

（9）塔式起重机加节后须进行附着的，应按照先装附着装置、后顶升加节的顺序进行，附着装置的位置和支撑点的强度应符合要求。

7. 塔式起重机的独立高度、悬臂高度应符合产品说明书的要求。

8. 雨雪、浓雾天严禁进行安装作业。安装时塔式起重机最大高度处的风速应符合产品说明书的要求，且风速不得超过 12 m/s。

9. 塔式起重机不宜在夜间进行安装作业。特殊情况下，必须在夜间进行塔式起重机安装和拆卸作业时，应保证提供足够的照明。

10. 特殊情况，当安装作业不能连续进行时，必须将已安装的部位固定牢靠并达到安全状态，经检查确认无隐患后，方可停止作业。

11. 电气设备应按产品说明书的要求进行安装，安装所用的电源线路应符合现行行业标准《施工现场临时用电安全技术规范》的要求。

12. 塔式起重机的安全装置必须齐全，并应按程序进行调试合格。塔式起重机的安全装置主要包括以下内容：

（1）载荷限制装置。其中包括起重量限制器、力矩限制器。

（2）行程限位装置。其中包括起升高度限位器、幅度限位器、回转限位器、行走限位器。

（3）保护装置。其中包括断绳保护及断轴保护装置、安装缓冲器及止挡装置、风速仪、障碍指示灯、钢丝绳防脱钩装置等。

13. 连接件及其防松防脱件应符合规定要求，严禁用其他代用品代用。连接件及其防松防脱件应使用力矩扳手或专用工具紧固连接螺栓，使预紧力矩达到规定要求。

14. 安装完毕后，应及时清理施工现场的辅助用具和杂物。

15. 安装单位应对安装质量进行自检，并填写自检报告书。

16. 安装单位自检合格后，应委托有相应资质的检验检测机构进行检测。检验检测机构应出具检测报告书。

17. 安装质量的自检报告书和检测报告书应存入设备档案。

18. 经自检、检测合格后，应由总承包单位组织出租、安装、使用、监理等单位进行验收，合格后方可使用。

19. 塔式起重机停用六个月以上的，在复工前，应由总承包单位组织有关单位重新进行验收，合格后方可使用。

（四）塔式起重机使用安全技术

1. 塔式起重机起重司机、起重信号工、司索工等操作人员应取得特种作业人员资格证书，严禁无证上岗。

2. 塔式起重机使用前，应对起重司机、起重信号工、司索工等作业人员进行安全技术交底。

3. 塔式起重机的力矩限制器、重量限制器、变幅限位器、行走限位器、高度限位器等安全保护装置不得随意调整和拆除，严禁用限位装置代替操纵机构。

4. 塔式起重机回转、变幅、行走、起吊动作前应示意警示。起吊时应统一指挥，明确指挥信号；当指挥信号不清楚时，不得起吊。

5. 塔式起重机起吊前，当吊物与地面或其他物件之间存在吸附力或摩擦力而未采取处理措施时，不得起吊。

6. 塔式起重机起吊前，应对安全装置进行检查，确认合格后方可起吊；安全装置失灵时，不得起吊。

7. 塔式起重机起吊前，应对吊具与索具进行检查，确认合格后方可起吊；吊具与索具不符合相关规定的，不得用于起吊作业。

8. 作业中遇突发故障，应采取措施将吊物降落到安全地点，严禁吊物长时间悬挂在空中。

9. 遇有风速在 12 m/s 及以上的大风或大雨、大雪、大雾等恶劣天气时，应停止作业。雨雪过后，应先经过试吊，确认制动器灵敏可靠后方可进行作业。夜间施工应有足够照明，照明的安装应符合现行国家标准《施工现场临时用电安全技术规范》的要求。

10. 塔式起重机不得起吊重量超过额定载荷的吊物，并不得起吊重量不明的吊物。

11. 在吊物荷载达到额定载荷的 90% 时，应先将吊物吊离地面 200～500 mm 后，检查机械状况、制动性能、物件绑扎情况等，确认无误后方可起吊。对有晃动的物件，必须拴拉溜绳，使其稳固。

12. 物件起吊时应绑扎牢固，不得在吊物上堆放或悬挂其他物件；零星材料起吊时，必须用吊笼或钢丝绳绑扎牢固。当吊物上站人时不得起吊。

13. 标有绑扎位置或记号的物件，应按标明位置绑扎。钢丝绳与物件的夹角宜为 45～60°，且不得小于 30°。吊索与吊物棱角之间应有防护措施；未采取防护措施的，不得起吊。

14. 作业完毕后，应松开回转制动器，各部件应置于非工作状态，控制开关应置于零位，并应切断总电源。

15. 行走式塔式起重机停止作业时，应锁紧夹轨器。

16. 塔式起重机使用高度超过 30 m 时应配置障碍灯，起重臂根部高度超过 50 m 时，应配备风速仪。

17. 严禁在塔式起重机塔身上附加广告牌或其他标语牌。

18. 每班作业应做好例行保养，并应做好记录。记录的主要内容应包括结构件外观、安全装置、传动机构、连接件、制动器、索具、夹具、吊钩、滑轮、钢丝绳、液位、油位、油压、电源、电压等。

19. 实行多班作业的设备，应执行交接班制度，认真填写交接班记录，接班司机经检查确认无误后，方可开机作业。

20. 塔式起重机应实施各级保养。转场时，应做转场保养，并有记录。

21. 塔式起重机的主要部件和安全装置等应进行经常性检查，每月不得少于一次，并应留有记录，发现有安全隐患时应及时进行整改。

22. 当塔式起重机使用周期超过一年时，应进行一次全面检查，合格后方可继续使用。

23. 使用过程中塔式起重机发生故障时，应及时维修，维修期间应停止作业。

（五）塔式起重机拆卸安全技术

1. 塔式起重机拆卸作业宜连续进行。当遇到特殊情况，拆卸作业不能继续时，应采取措施保证塔式起重机处于安全状态。

2. 当用于拆卸作业的辅助起重设备设置在建筑物上时，应明确设置位置、锚固方法，并应对辅助起重设备的安全性及建筑物的承载能力等进行验算。

3. 拆卸前应检查主要结构件、连接件、电气系统、起升机构、回转机构、变幅机构、顶升机构等项目。发现隐患应采取措施，解决后方可进行拆卸作业。

4. 附着式塔式起重机应明确附着装置的拆卸顺序和方法。

5. 自升式塔式起重机每次降节前，应检查顶升系统和附着装置的连接等，确认完好后方可进行作业。

6. 拆卸时应先降节、后拆除附着装置。塔式起重机的自由端高度应符合规定要求。

7. 拆卸完毕后，为塔式起重机拆卸作业而设置的所有设施应拆除，清理场地上作业时所用的吊索具、工具等各种零配件和杂物。

（六）吊索具使用安全技术

1. 一般规定

（1）塔式起重机安装、使用、拆卸时，所使用的起重机具应符合相关规定。起重吊具、索具应符合下列要求：

①吊具与索具产品应符合现行行业标准《起重机械吊具与索具安全规程》的规定。

②吊具与索具应与吊运种类、吊运具体要求，以及环境条件相适应。

③作业前应对吊具与索具进行检查，当确认完好时方可投入使用。

④吊具承载时不得超过额定起重量，吊索（含各分支）不得超过安全工作载荷。

⑤塔式起重机吊钩的吊点，应与吊重重心在同一条铅垂线上，使吊重处于稳定平衡状态。

（2）新购置或修复的吊具、索具，应进行检查，确认合格后，方可使用。

（3）吊具、索具在每次使用前应进行检查，经检查确认符合要求的，方可继续使用。当发现有缺陷时，应停止使用。

（4）吊具与索具每半年应进行定期检查，并应做好记录。检验记录应作为继续使用、维修或报废的依据。

2. 钢丝绳

（1）钢丝绳做吊索时，其安全系数不得小于6倍。

（2）钢丝绳的报废应符合现行国家标准《起重机钢丝绳保养、维护、检验和报废》的规定。

（3）当钢丝绳的端部采用编结固接时，编结部分的长度不得小于钢丝绳直径的 20 倍，并不应小于 300 mm，插接绳股应拉紧，凸出部分应光滑、平整，且应在插接末尾留出适当长度，用金属丝扎牢。

（4）吊索必须由整根钢丝绳制成，中间不得有接头。环形吊索只允许有一处接头。

（5）采用两点吊或多点吊时，吊索数宜与吊点数相符，且各根吊索的材质、结构尺寸、索眼端部固定连接、端部配件等性能应相同。

（6）钢丝绳严禁采用打结方式系结吊物。

（7）当吊索弯折曲率半径小于钢丝绳公称直径的 2 倍时，应采用卸扣将吊索与吊点拴接。

（8）卸扣应无明显变形、可见裂纹和弧焊痕迹。销轴螺纹应无损伤现象。

3. 吊钩与滑轮

（1）吊钩应符合现行行业标准《起重机械吊具与索具安全规程》中的相关规定。

（2）吊钩禁止补焊，有下列情况之一的应予以报废：

①表面有裂纹。

②挂绳处截面磨损量超过原高度的 10%。

③钩尾和螺纹部分等危险截面及钩筋有永久性变形。

④开口度比原尺寸增加 15%。

⑤钩身的扭转角超过 10°。

（3）滑轮的最小绕卷直径，应符合现行国家标准《塔式起重机设计规范》的相关规定。

（4）滑轮有下列情况之一的应予以报废：

①裂纹或轮缘破损。

②轮槽不均匀磨损达 3 mm。

③滑轮绳槽壁厚磨损量达原壁厚的 20%。

④铸造滑轮槽底磨损达钢丝绳原直径的 30%，焊接滑轮槽底磨损达钢丝绳原直径的 15%。

（5）滑轮、卷筒均应设有钢丝绳防脱装置，吊钩应设有钢丝绳防脱钩装置。

二、施工升降机

施工升降机，又称为施工电梯，是一种在高层建筑施工中运送施工人员及建筑材料与工具设备的垂直运输设施，是一种使工作笼（吊笼）沿导轨做垂直运动的机械。

（一）施工升降机常见事故隐患

由于施工升降机是一种危险性较大的设备，易导致重大伤亡事故。常见的事故隐患及其产生的原因主要有以下内容：

1. 施工升降机的装拆

（1）有些施工企业将施工升降机的装拆作业发包给无相应资质的队伍或个人，或装拆单位虽有相应资质，但由于业务量多而人手不足时，盲目拆装，造成施工升降机的装拆质量和安全运行存在很大的安全隐患。

（2）不执行施工升降机装拆方案施工，或根本无装拆方案，有时施工升降机即使有方案也无针对性，拆装过程中无专人统一指挥，使得拆装作业无序进行，危险性大。

（3）施工升降机完成安装作业后即投入使用，不履行相关的验收手续和必经的试验程序，甚至不向当地住房城乡建设主管部门指定的专业检测机构申报检测，使得各类事故多发。

（4）装拆人员未经专业培训即上岗作业。

（5）装拆作业前未进行详细的、有针对性的安全技术交底，作业时又缺乏必要的监护措施，现场违章作业随处可见，极易发生高处坠落、落物伤人等重大事故。

2. 安全装置装设不当甚至不装，使得吊笼在运行过程中一旦发生故障而安全装置却无法发挥作用。

3. 楼层门设置不符合要求，楼层门净高偏低，迫使有些运料人员将头伸出门外观察吊笼运行情况时而发生恶性伤亡事故。

4. 施工升降机的司机未持证上岗，一旦遇到意外情况不知所措，酿成事故。

5. 不按升降机额定荷载控制人员数量和物料重量，使升降机长期处于超载运行的状态，导致吊笼及其他受力部件变形，给升降机的安全运行带来了严重的安全隐患。

6. 限速器未按规定进行每三个月一次的坠落试验，一旦发生吊笼下坠失速，限速器失灵，必将产生严重后果。

7. 金属结构和电气金属外壳不接地或接地不符合安全要求、悬挂配重的钢丝绳安全系数达不到八倍、电气装置不设置相序和断相保护器等都是施工升降机使用过程中常见的事故通病。

（二）施工升降机安装与拆卸

1. 每次安装与拆卸作业之前，施工单位应根据施工现场工作环境及辅助设备情况编制安装拆卸方案，经技术负责人审批同意后方能实施。

2. 每次安装或拆除作业之前，作业人员应持专门的资格证书上岗，对作业人员按不同的工种和作业内容进行详细的技术、安全交底。

3. 升降机的装拆作业必须由具有起重设备安装专业承包资质的施工企业实施。

4. 每次安装升降机后，施工企业应当组织有关职能部门和专业人员对升降机进行必要的试验和验收。确认合格后应当向当地住房城乡建设主管部门认定的检测机构申报，经专业检测机构检测合格后，才能正式投入使用。

5. 施工升降机在安装作业前，应对升降机的各部件做如下检查：

（1）导轨架、吊笼等金属结构的成套性和完好性。

（2）传动系统的齿轮、限速器的安装质量。

（3）电气设备主电路和控制电路是否符合国家规定的产品标准。

（4）基础位置和做法是否符合该产品的设计要求。

（5）附墙架设置处的混凝土强度和螺栓孔是否符合安装条件。

（6）各安全装置是否齐全，安装位置是否正确、牢固，各限位开关动作是否灵敏、可靠。

（7）升降机安装作业环境有无影响作业安全的因素。

6. 安装作业应严格按照预先制订的安装方案和施工工艺要求实施，安装过程中有专人统一指挥，划出警戒区域并有专人监控。

7. 安装与拆卸工作宜在白天进行，遇恶劣天气应停止作业。

8. 作业人员施工时应按高处作业的要求，系好安全带。

9. 拆卸时严禁从高处向下抛掷物件。

（三）施工升降机安全使用

1. 升降机安装后，应经企业技术负责人会同有关部门对基础和附壁支架以及升降机架设安装的质量、精度等进行全面检查，并应按规定程序进行技术试验（包括坠落试验），经试验合格签证后，方可投入运行。

2. 升降机的防坠安全器，在使用中不得任意拆检调整，需要拆检调整时或每用满一年后，均应由生产厂或指定的认可单位进行调整、检修或鉴定。

3. 新安装或转移工地重新安装以及经过大修后的升降机，在投入使用前，必须经过坠落试验。升降机在使用中每隔三个月，应进行一次坠落试验。试验程序应按说明书规定进行，当试验中梯笼坠落超过 1.2 m 制动距离时，应查明原因，并应调整防坠安全器，切实保证不超过 1.2 m 制动距离。试验后以及正常操作中每发生一次防坠动作，均必须对防坠安全器进行复位。

4. 作业前重点检查项目应符合下列要求：

（1）各部结构无变形，连接螺栓无松动。

（2）齿条与齿轮、导向轮与导轨均接合正常。

（3）各部钢丝绳固定良好，无异常磨损。

（4）运行范围内无障碍。

5. 启动前，应检查并确认电缆、接地线完整无损，控制开关在零位。电源接通后，应检查并确认电压正常，应测试无漏电现象。应试验并确认各限位装置、梯笼、围护门等处的电器联锁装置良好可靠，电器仪表灵敏有效。启动后，应进行空载升降试验，测定各传动机构制动器的效能，确认正常后，方可开始作业。

6. 升降机在每班首次载重运行时，当梯笼升离地面 1~2 m 时，应停机试验制动器的可靠性；当发现制动效果不良时，应调整或修复后方可运行。

7. 梯笼内乘人或载物时，应使载荷均匀分布，不得偏重。严禁超载运行。

8. 操作人员应根据指挥信号操作。作业前应鸣声示意。在升降机未切断总电源开关前，操作人员不得离开操作岗位。

9. 当升降机运行中发现有异常情况时，应立即停机并采取有效措施将梯笼降到底层，排除故障后方可继续运行。在运行中发现电气失控时，应立即按下急停按钮；在未排除故障前，不得打开急停按钮。

10. 升降机在大雨、大雾、6 级及以上大风以及导轨架、电缆等结冰时，必须停止运行，并将梯笼降到底层，切断电源。暴风雨后，应对升降机各有关安全装置进行一次检查，确认正常后，方可运行。

11. 升降机运行到最上层或最下层时，严禁用行程限位开关作为停止运行的控制开关。

12. 当升降机在运行中由于断电或其他原因而中途停止时，可进行手动下降，将电动机尾端制动电磁铁手动释放拉手缓缓向外拉出，使梯笼缓慢地向下滑行。梯笼下滑时，不得超过额定运行速度，手动下降必须由专业维修人员进行操纵。

13. 作业后，应将梯笼降到底层，各控制开关拨到零位，切断电源，锁好开关箱，闭锁梯笼门和围护门。

三、物料提升机

物料提升机，又称为井架（龙门架），是建筑施工现场常用的一种输送物料的垂直运输设备。它以卷扬机为动力，以底架、立柱及天梁为架体，以钢丝绳为传动，以吊笼（吊篮）为工作装置。在架体上装设滑轮、导轨、导靴、吊笼、安全装置等和卷扬机配套构成完整的垂直运输体系。

（一）物料提升机常见事故隐患

1. 设计制造方面。企业为减少资金投入，擅自自行设计或制造龙门架或井架，未经设计计算和有关部门的验收便投入使用；盲目改制提升机或不按图纸的要求搭设，任意修改原设计参数、随意增大额定起重量、提高起升速度等。

2. 架体的安装与拆除。架体的安装与拆除前未制订装拆方案和相应的安全技术措施，作业人员无证上岗，施工前未进行详尽的安全技术交底，作业中违章操作等以致发生人员高处坠落、架体坍塌、落物伤人等事故。

3. 安全装置不全或设置不当、失灵。未按规范要求设置安全装置，或安全装置设置不当；平时对各类安全装置疏于检查和维修，安全装置功能失灵而未察觉，带病运行。

4. 使用不当。人员违章乘坐吊篮上下；严重超载，导致架体变形、钢丝绳断裂、吊篮坠落等恶性事故的发生。

5. 管理不合理。提升机缺乏必要的通信联络装置，或装置失灵，司机无法清楚看到吊篮需求信号，各楼层作业人员无法知道吊篮的运行情况，物料提升机未经验收便投入使用，缺乏定期检查和维修保养，电气设备不符合规范要求，卷扬机设置位置不合理等都将引起安全事故。

（二）物料提升机的安装与拆除安全技术

1. 安装前的准备工作

（1）根据施工现场工作条件及设备情况组织设计架体的安装方案。

（2）提升机作业人员必须持证上岗，作业人员根据方案进行安全技术交底，明确指挥人员与确定信号。

（3）划定安全警戒区域，指定监护人员，非工作人员不得进入警戒区内。

（4）提升机架体和实际安装高度不得超出设计所允许的最大高度，并做好以下检查：
①金属结构的成套性和完好性。
②提升机构是否完整良好。
③电气设备是否齐全可靠。
④基础位置和做法是否符合要求。
⑤地锚位置、附墙架（连墙杆）连接埋件的位置是否正确，埋设是否牢靠。

2. 架体安装

（1）安装架体时，应先将地梁与基础连接牢固。每安装两个标准节（一般不大于8 m)，应采取临时支撑或临时缆风绳固定，并进行初校正，在确认稳定时，方可继续作业。

（2）安装龙门架时，两边立柱应交替进行，每安装两节，除将单支柱进行临时固定外，尚应将两立柱横向连接成一体。

（3）装设摇臂把杆时，应符合以下要求：

①把杆不得安装在架体的自由端。

②把杆底座要高出工作面，其顶部不得高出架体。

③把杆与水平面夹角应为45°~70°，转向时不得碰到缆风绳。

④把杆应安装保险钢丝绳。起重吊钩应采用符合有关规定的吊具并设置吊钩上极限限位装置。

（4）架体安装完毕后，企业必须组织有关职能部门和人员对提升机进行试验和验收，检查验收合格后，方能交付使用，并挂上验收合格牌。

3. 卷扬机安装

（1）卷扬机应安装在平整坚实的位置上，宜远离危险作业区，视线应良好。因施工条件限制，卷扬机安装位置距施工作业区较近时，其操作棚的顶部应按防护棚的要求架设。

（2）固定卷扬机的锚桩应牢固可靠，不得以树木、电杆代替锚桩。

（3）当钢丝绳在卷筒中间位置时，架体底部的导向滑轮应与卷筒轴心垂直，否则应设置辅助导向滑轮，并用地锚、钢丝绳拴牢。

（4）提升机的钢丝绳运行时应架起，使之不挨近地面和被水浸泡。必须穿越主要干道时，应挖沟槽并加保护措施，严禁在钢丝绳穿行的区域内堆放物料。

4. 架体拆除

（1）拆除前检查。

①查看提升机与建筑物的连接情况，特别是有无与脚手架连接的现象。

②查看提升机架体有无其他牵拉物。

③检查临时缆风绳及地锚的设置情况。

④检查架体或地梁与基础的连接情况。

（2）在拆除缆风绳或附墙架前，应先设置临时缆风绳或支撑，确保架体自由高度不得大于两个标准节（一般不大于8 m）。

（3）拆除作业中，严禁从高处向下抛掷物件。

（4）拆除作业宜在白天进行；夜间确需作业的，应有良好的照明。因故中断作业时，应采取临时稳固措施。

（三）物料提升机安全使用技术

1. 物料提升机应有产品标牌，标明额定起重量、最大提升速度、最大架设高度、制造单位、产品编号及出厂日期。

2. 物料提升机安装后，应由主管部门组织有关人员按规范和设计的要求进行检查验收，确定合格后发给使用证，方可交付使用。

3. 物料提升机必须由取得特殊作业操作证的人员操作。

4. 在安装、拆除以及使用提升机的过程中设置的临时缆风绳，其材料也必须使用钢丝绳，严禁使用铅丝、钢筋、麻绳等代替。

5. 严禁人员攀登、穿越提升机架体和乘坐吊篮上下。

6. 物料在吊篮内应均匀分布，不得超出吊篮。严禁超载使用。

7. 设置灵敏可靠的联系信号装置，司机在通信联络信号不明时不得开机。作业中无论任何人发出紧急停车信号，均应立即执行。

8. 当发生防坠安全器制停吊篮的情况时，应查明制停原因，排除故障，并应检查吊笼、导轨架及钢丝绳，应确认无误并重新调整防坠安全器后运行。

9. 物料提升机在工作状态下，不得进行保养、维修、排除故障等工作；若要进行，则应切断电源并在醒目处挂"有人检修、禁止合闸"的标志牌，必要时应设专人监护。

10. 作业结束时，司机应降下吊篮，切断电源，锁好控制电箱门，防止其他无证人员擅自启动提升机。

11. 物料提升机夜间施工应有足够照明，照明用电应符合现行行业标准《施工现场临时用电安全技术规范》的规定。

12. 物料提升机在大雨、大雾、风速 12 m/s 及以上大风等恶劣天气时，必须停止运行。

四、土方机械与桩工机械

（一）土方机械安全使用技术

1. 土方机械安全使用基本要求

（1）机械进入现场前，应查明行驶路线上的桥梁、涵洞的上部净空和下部承载能力，保证机械安全通过。

（2）作业前，应查明施工场地明、暗设置物（电线、地下电缆、管道、坑道等）的地点及走向，并采用明显记号表示。严禁在离电缆 1 m 距离以内作业。

（3）作业中，应随时监视机械各部位的运转及仪表指示值，如发现异常，应立即停机检修。

（4）机械运行中，严禁接触转动部位和进行检修。在修理工作装置时，应使其降到最低位置，并应在悬空部位垫上垫木。

（5）在电杆附近取土时，对不能取消的拉线、地垄和杆身，应留出土台。土台半径：电杆应为 1.0~1.5 m，拉线应为 1.5~2.0 m。并应根据土质情况确定坡度。

（6）机械通过桥梁时，应采用低速挡慢行，在桥面上不得转向或制动。承载力不够的桥梁，事先应采取加固措施。

（7）在施工中遇下列情况之一时应立即停工，待符合作业安全条件时，方可继续施工：

①填挖区土体不稳定，有发生坍塌危险时；

②气候突变，发生暴雨、水位暴涨或山洪暴发时；

③在爆破警戒区内发出爆破信号时；

④地面涌水冒泥，出现陷车或因雨发生坡道打滑时；

⑤工作面净空不足以保证安全作业时；

⑥施工标志、防护设施损毁失效时。

（8）配合机械作业的清底、平地、修坡等人员，应在机械回转半径以外工作。当必须在回转半径以内工作时，应停止机械回转并制动好后，方可作业。

（9）雨期施工，机械作业完毕后应停放在较高的坚实地面上。

（10）挖掘基坑时，当坑底无地下水，坑深在 5 m 以内，且边坡坡度符合相关规定时，可不加支撑。

（11）当挖土深度超过 5 m 或发现有地下水以及土质发生特殊变化等情况时，应根据土的实际性能计算其稳定性，再确定边坡坡度。

（12）当对石方或冻土进行爆破作业时，所有人员、机具应撤至安全地带或采取安全保护措施。

2. 推土机的安全使用

（1）推土机在坚硬土壤或多石土壤地带作业时，应先进行爆破或用松土器翻松。在沼泽地带作业时，应更换湿地专用履带板。

（2）推土机行驶通过或在其上作业的桥、涵、堤、坝等，应具备相应的承载能力。

（3）不得用推土机推石灰、烟灰等粉尘物料和用作碾碎石块的作业。

（4）牵引其他机械设备时，应有专人负责指挥。钢丝绳的连接应牢固可靠。在坡道或长距离牵引时，应采用牵引杆连接。

（5）作业前重点检查项目应符合下列要求：

①各部件无松动、连接良好。

②各系统管路无裂纹或泄漏。

③燃油、润滑油、液压油等符合规定。

④各操纵杆和制动踏板的行程、履带的松紧度或轮胎气压均符合要求。

（6）启动前，应将主离合器分离，各操纵杆放在空挡位置，严禁拖、顶启动。

（7）启动后应检查各仪表指示值，液压系统应工作有效；当运转正常、水温达到 55 ℃、机油温度达到 45 ℃时，方可全载荷作业。

（8）推土机行驶前，严禁有人站在履带或刀片的支架上，机械四周应无障碍物，确认安全后，方可开动。

（9）采用主离合器传动的推土机接合应平稳，起步不得过猛，不得使离合器处于半接合状态下运转；液力传动的推土机，应先解除变速杆的锁紧状态，踏下减速器踏板，变速杆应在一定挡位，然后缓慢释放减速器踏板。

（10）在块石路面行驶时，应将履带张紧。当需要原地旋转或急转弯时，应采用低速挡进行。当行走机构夹入块石时，应采用正、反向往复行驶使块石排除。

（11）在浅水地带行驶或作业时，应查明水深，冷却风扇叶不得接触水面。下水前和出水后，均应对行走装置加注润滑脂。

（12）推土机上、下坡或超过障碍物时应采用低速挡。上坡不得换挡，下坡不得空挡滑行。横向行驶的坡度不得超过 10°。当需要在陡坡上推土时，应先进行填挖，使机身保持平衡，方可作业。

（13）在上坡途中，当内燃机突然熄火，应立即放下铲刀，并锁住制动踏板。在分离主离合器后，方可重新启动内燃机。

（14）下坡时，当推土机下行速度大于内燃机传动速度时，转向动作的操纵应与平地行走时操纵的方向相反，此时不得使用制动器。

（15）填沟作业驶近边坡时，铲刀不得越出边缘。后退时，应先换挡，方可提升铲刀进行倒车。

（16）在深沟、基坑或陡坡地区作业时，应有专人指挥，其垂直边坡高度不应大于 2 m。

（17）在推土或松土作业中不得超载，不得做有损于铲刀、推土架、松土器等装置的动作，各项操作应缓慢平稳。无液力变矩器装置的推土机，在作业中有超载趋势时，应稍微提升刀片或变换低速挡。

（18）推树时，树干不得倒向推土机及高空架设物。推屋墙或围墙时，其高度不宜超过 2.5 m。严禁推带有钢筋或与地基基础连接的混凝土桩等建筑物。

（19）两台以上推土机在同一地区作业时，前后距离应大于 8 m；左右距离应大于 1.5 m。在狭窄道路上行驶时，未得前机同意，后机不得超越。

（20）推土机顶推铲运机做助铲时，应符合下列要求：

①进入助铲位置进行顶推中，应与铲运机保持同一直线行驶。

②助铲时应均匀用力，不得猛推猛撞，应防止将铲斗后轮胎顶离地面或使铲斗吃土过深。

③铲斗满载提升时，应减少推力，待铲斗提离地面后即减速脱离接触。

④后退时，应先看清楚后方情况，当须绕过正后方驶来的铲运机倒向助铲位置时，宜从来车的左侧绕行。

（21）推土机转移行驶时，铲刀距地面宜为 400 mm，不得用高速挡行驶和进行急转弯。不得长距离倒退行驶。

（22）作业完毕后，应将推土机开到平坦安全的地方，落下铲刀；有松土器的，应将松土器爪落下。在坡道上停机时，应将变速杆挂低速挡，接合主离合器，锁住制动踏板，并将履带或轮胎楔住。

（23）停机时，应先降低内燃机转速，变速杆放在空挡，锁紧液力传动的变速杆，分开主离合器，踏下制动踏板并锁紧，待水温降到 75 ℃以下时，油温降到 90 ℃以下时，方可熄火。

（24）推土机长途转移工地时，应采用平板拖车装运。短途行走转移时，距离不宜超过 10 km，并在行走过程中应经常检查和润滑行走装置。

（25）在推土机下面检修时，内燃机必须熄火，铲刀应放下或垫稳。

3. 单斗挖掘机的安全使用

（1）单斗挖掘机的作业和行走场地应平整坚实，松软地面应垫以枕木或垫板，沼泽地区应先做路基处理，或更换湿地专用履带板。

（2）轮胎式挖掘机使用前应支好支腿并保持水平位置，支腿置于作业面的方向，转向驱动桥应置于作业面的后方。采用液压悬挂装置的挖掘机，应锁住两个悬挂液压缸。履带式挖掘机的驱动轮应置于作业面的后方。

（3）平整作业场地时，不得用铲斗进行横扫或用铲斗对地面进行夯实。

（4）挖掘岩石时，应先进行爆破。挖掘冻土时，应采用破冰锤或爆破法使冻土层破碎。

（5）挖掘机在正铲作业时，除松散土壤外，其最大开挖高度和深度不应超过机械本身性能规定。在拉铲或反铲作业时，履带与工作面边缘距离应大于 1.0 m，轮胎距工作面边缘距离应大于 1.5 m。

（6）作业前重点检查项目应符合下列要求：

①照明、信号及报警装置等齐全有效。

②各校接部分连接可靠。

③液压系统无泄漏现象。

④轮胎气压符合规定。

⑤燃油、润滑油、液压油符合规定。

（7）启动前，应将主离合器分离，将各操纵杆放在空挡位置，并应按照有关规定启动内燃机。

（8）启动后，接合动力输出，应先使液压系统从低速到高速空载循环 10~20 min，无吸空等不正常噪声，工作有效，并检查各仪表指示值，待运转正常再接合主离合器，进行空载运转，顺序操纵各工作机构并测试各制动器，确认正常后，方可作业。

（9）作业时，挖掘机应保持水平位置，将行走机构制动住，并将履带或轮胎楔紧。

（10）遇较大的坚硬石块或障碍物时，应清除后方可开挖，不得用铲斗破碎石块、冻土或用单边斗齿硬啃。

（11）挖掘悬崖时，应采取防护措施。作业面不得留有伞沿及松动的大块石，当发现有塌方危险时，应立即处理或将挖掘机撤至安全地带。

（12）作业时，应待机身停稳后再挖土，当铲斗未离开工作面时，不得做回转、行走等动作。回转制动时，应使用回转制动器，不得用转向离合器反转制动。

（13）作业时，各操纵过程应平稳，不宜紧急制动。铲斗升降不得过猛。下降时，不得撞碰车架或履带。

（14）斗臂在抬高及回转时，不得碰到洞壁、沟槽侧面或其他物体。

（15）向运土车辆装车时，宜降低挖铲斗，减小卸落高度，不得偏装或砸坏车厢；在汽车未停稳或铲斗须越过驾驶室而司机未离开前不得装车。

（16）作业中，当液压缸伸缩将达到极限位置时，应动作平稳，不得冲撞极限块。

（17）作业中，当须制动时，应将变速阀置于低速挡位置。

（18）作业中，当发现挖掘力突然变化，应停机检查，严禁在未查明原因前擅自调整分配阀压力。

（19）作业中不得打开压力表开关，且不得将工况选择阀的操纵手柄放在高速挡位置。

（20）反铲作业时，斗臂应停稳后再挖土。挖土时，斗柄伸出不宜过长，提斗不得过猛。

（21）作业中，履带式挖掘机作短距离行走时，主动轮应在后面，斗臂应在正前方与履带平行，制动住回转机构、铲斗应离地面 1 m。上、下坡道不得超过机械本身允许最大坡度，下坡应慢速行驶。不得在坡道上变速和空挡滑行。

（22）轮胎式挖掘机行驶前，应收回支腿并固定好，监控仪表和报警信号灯应处于正常显示状态，气压表压力应符合规定，工作装置应处于行驶方向的正前方，铲斗应离地面 1 m。长距离行驶时，应采用固定销将回转平台锁定，并将回转制动板踩下后锁定。

（23）当在坡道上行走且内燃机熄火时，应立即制动并楔住履带或轮胎，待重新发动后，方可继续行走。

（24）作业后，挖掘机不得停放在高边坡附近和填方区，应停放在坚实、平坦、安全的地带，将铲斗收回平放在地面上，所有操纵杆置于中位，关闭操纵室和机棚。

（25）履带式挖掘机转移工地应采用平板拖车装运。短距离自行转移时，应低速缓行，每行走 500~1000 m 应对行走机构进行检查和润滑。

（26）保养或检修挖掘机时，除检查内燃机运行状态外，必须将内燃机熄火，并将液压系统卸荷，铲斗落地。

（27）利用铲斗将底盘顶起进行检修时，应使用垫木将抬起的轮胎垫稳，并用木楔将落地轮胎楔牢，然后将液压系统卸荷，否则严禁进入底盘下工作。

4. 翻斗车的安全使用

（1）现场内行驶机动车辆的驾驶作业人员，必须经专业安全技术培训，考试合格，持特种作业操作证方可上岗作业。

（2）未经交通部门考试发证的严禁上公路行驶。

（3）作业前检查燃油、润滑油、冷却水应充足，变速杆应在空挡位置，气温低时应加热水预热。

（4）发动后应空转 5~10 min，待水温升到 40 ℃ 以上时方可一挡起步，严禁二挡起步和将油门猛踩到底的操作。

（5）开车时精神要集中，行驶中不准载人、吸烟、打闹玩笑。睡眠不足和酒后严禁作业。

（6）运输构件宽度不得超过车宽，高度不得超过 1.5 m（从地面算起）。运输混凝土时，混凝土的平面应低于斗口 10 cm；运砖时，高度不得超过斗平面；严禁超载行驶。

（7）雨雪天气，夜间应低速行驶，下坡时严禁空挡滑行和下 25° 以上的陡坡。

（8）在坑槽边缘倒料时，必须在距离 0.8~1 m 处设置安全挡掩（20 cm×20 cm 的木方）。车在距离坑槽 10 m 处即应减速至安全挡掩处倒料，严禁骑沟倒料。

（9）翻斗车上坡道（马道）时，坡道应平整，宽度不得小于 2.3 m 以上，两侧设置防护栏杆，必须经检查验收合格方可使用。

（10）检修或班后刷车时，必须熄火并拉好手制动。

5. 潜水泵的安全使用

（1）作业前应进行检查，泵座应稳固。水泵应按规定装设漏电保护装置。

（2）运转中出现故障时应立即切断电源，排除故障后方可再次合闸开机。检修必须由专职电工进行。

（3）夜间作业时，工作区应有充足照明。

（4）水泵运转中严禁从泵上跨越。升降吸水管时，操作人员必须站在有护栏的平台上。

（5）提升或下降潜水泵时必须切断电源，使用绝缘材料，严禁提拉电缆。

（6）潜水泵必须做好保护接零并装设漏电保护装置。潜水泵工作水域 30 m 内，不得有人畜进入。

（7）作业后，应将电源关闭，将水泵妥善安放。

（二）桩工机械安全使用技术

1. 安全要求

（1）打桩施工场地应按坡度不大于 3%，地耐力不小于 8.5 N/cm² 的要求进行平实，地下不得有障碍物。在基坑和围堰内打桩，应配备足够的排水设备。

（2）桩机周围应有明显标志或围栏，严禁闲人进入。作业时，操作人员应在距离桩锤中心 5 m 以外监视。

（3）安装时，应将桩锤运到桩架正前方 2 m 以内，严禁远距离斜吊。

（4）用桩机吊桩时，必须在桩上拴好围绳。起吊 2.5 m 以外的混凝土预制桩时，应将桩锤落在下部，待桩吊近后，方可提升桩锤。

（5）严禁吊桩、吊锤、回转和行走同时进行。桩机在吊有桩和锤的情况下，操作人员不得离开。

（6）卷扬钢丝绳应经常处于油膜状态，不得硬性摩擦。吊锤、吊桩可使用插接的钢丝绳，不得使用不合格的起重卡具、索具、拉绳等。

（7）作业中停机时间较长时，应将桩锤落下垫好。除蒸汽打桩机在短时间内可将锤担在机架上外，其他的桩机均不得悬吊桩锤进行检修。

（8）遇有大雨、雪、雾和 6 级以上强风等恶劣气候，应停止作业。当风速超过 7 级时应将桩机顺风向停置，并增加缆风绳。

（9）雷电天气无避雷装置的桩机，应停止作业。

（10）作业后应将桩机停放在坚实平整的地面上，将桩锤落下，切断电源和电路开关，停机制动后方可离开。

2. 桩机的安装与拆除

（1）拆装班组的作业人员必须熟悉拆装工艺、规程，拆装前班组长应进行明确分工，并组织班组作业人员贯彻落实专项安全施工组织设计（施工方案）和安全技术措施交底。

（2）高压线下两侧 10 m 以内不得安装打桩机。特殊情况下必须采取安全技术措施，并经上级技术负责人同意批准，方可安装。

（3）安装前应检查主机、卷扬机、制动装置、钢丝绳、牵引绳、滑轮及各部轴销、螺栓、管路接头应完好可靠。导杆不得弯曲损伤。

（4）起落机架时，应设专人指挥，拆装人员应互相配合，指挥旗语、哨声准确、清楚。严禁任何人在机架底下穿行或停留。

（5）安装底盘必须平放在坚实平坦的地面上，不得倾斜。桩机的平衡配重铁，必须符合说明书要求，保证桩架稳定。

（6）振动沉桩机安装桩管时，桩管的垂直方向吊装不得超过 4 m，两侧斜吊不得超过 2 m，并设溜绳。

第四章　安全监理与安全生产管理体制

21世纪初，国务院颁布了《建设工程安全生产管理条例》（以下简称《安全条例》），实施以来，建设各方都对安全生产有了更深的认识，建筑施工安全事故率下降明显。安全监理成了建设工程监理新的组成部分，这是建设工程管理体制中加强安全管理、控制重大伤亡事故发生的一种新模式，同时也为建设工程的安全生产起到了护航作用。

第一节　安全监理概述

一、安全监理的概念、性质、意义和任务

工程监理单位应当审查施工组织设计中的安全技术措施或者专项施工方案是否符合工程建设强制性标准。工程监理单位在实施监理过程中发现存在安全事故隐患的，应当要求施工单位整改，情况严重的暂停施工并及时报告建设单位。施工单位拒不整改或者不停止施工的，工程监理单位应及时向主管部门报告。工程监理单位和监理工程师应当按照法律法规和工程建设强制性标准实施监理，并对建设工程安全生产承担监理责任。这为监理单位制止建设中的危险性、盲目性和随意性行为提供了依据。建设工程安全监理的实施，是提高施工现场安全管理水平的有效方法，也是建设管理体制改革中加强安全管理、控制重大伤亡事故的一种有效手段。

（一）安全监理工作的基本概念

安全监理工作是建设监理工作的重要组成部分，是建设安全的重要内容，是促进施工现场安全管理水平提高的有效方法，是建设管理体制改革中加强安全管理、控制重大伤亡事故的一种新模式。安全监理概念的提出，不但减少了不必要的工伤和工程事故，还避免了过多的合同纠纷，并能确保国家建设计划和工程合同的顺利实施，对建设单位和施工单位都有利。

所谓安全监理是指有相应资质的工程监理单位受建设单位委托，依据国家有关法律法规、相关部门文件及相关建设合同安全生产进行专业化监督管理，在监督管理过程中监理工程师对工程建设中的人、机、环境及施工全过程进行评价、监控和督察，并采取法律、

经济、行政和技术手段，保证建设行为符合国家安全生产、劳动保护法律、经济、行政、和技术手段，制止建设行为中的冒险性、盲目性和随意性，有效地把建设工程安全控制在允许的风险度范围以内，以确保安全性，依据法规、合同对工程实施阶段建设行为的监理。它是以合格的技能和丰富的经验为基础，安全监理工程师行使委托方赋予的职权，通过各种控制措施，实施评价、监控和督察，降低风险，确保安全性。其特点是属于委托性的安全技术服务，使市场经济条件下的传统安全管理得以升华与提高。

（二）建设工程安全监理的性质

建设工程安全监理的性质主要体现在：

1. 服务性

建设工程安全监理具有服务性，是从它的业务性质方面定性的，其服务对象是建设单位。建设工程安全监理服务的内容就是按照委托监理合同的规定，通过规划（计划）、控制、协调来管理工程安全生产，特别是施工安全，协助建设单位在计划目标内将建设工程安全建成并投入使用。

2. 科学性

建设工程安全监理是遵循建设工程建设客观规律进行的建设活动，其科学性主要表现在：监理工程师掌握现代管理及安全管理的理论、方法和手段，具有丰富的建设工程管理和安全管理经验，科学的工作态度和严谨的工作作风。工程监理单位有健全的管理制度和安全管理制度，有管理能力强、经验丰富的监理工程师组成的骨干队伍，积累了足够的技术、经济等数据资料。

3. 独立性

根据《中华人民共和国建筑法》规定，工程监理单位应当根据建设单位的委托，客观、公正地执行监理任务。《工程建设监理规定》和《建设工程监理规范》要求工程监理单位按照"公正、独立、自主"原则开展监理工作。工程监理单位进行建设工程安全监理时，不得与工程施工承包单位、材料设备供应单位等有隶属关系和其他利害关系，必须依据有关安全生产、劳动保护等的法律法规和标准规范、建设工程批准文件和设计文件、建设工程委托监理合同和有关的建设工程合同，独立地开展工作。

4. 公正性

公正性是社会公认的职业道德准则，也是监理行业的基本职业道德准则。在实施建设工程安全监理过程中，当建设单位与施工单位双方发生利益冲突或者矛盾时，监理工程师应以事实为依据，以法律和有关合同为准绳，公正地协调解决利益冲突，维护双方的合法权益。

(三) 建设工程安全监理的意义

建设工程监理制在我国建设领域已推行了 20 多年，在建设工程中发挥了重要作用，也取得了显著的成效，而建设工程安全监理制在我国刚刚开始，其意义主要表现在以下六方面：

1. 有利于建设工程安全生产保证机制的形成

实施建设工程安全监理制，有利于建设工程安全生产保证机制的形成，即施工企业负责、监理中介服务、政府市场监管，从而为保证我国建设工程安全生产、建立立体空间的安全生产建立机制。

2. 有利于提高建设工程安全生产管理水平

实施建设工程安全监理制，通过对建设工程安全生产实施三向监控，即施工单位自身的安全控制、政府的安全生产监督管理、工程监理单位的安全监理。一方面，有利于防止和避免安全事故，另一方面，政府通过改进市场监管方式，充分发挥市场机制和社会的监督作用，通过工程监理单位、安全中介服务公司等的介入，对施工现场安全生产的监督管理，改变以往政府被动的安全检查方式，共同形成安全生产监管合力，从而提高我国建设工程安全管理水平。

3. 有利于规范工程建设参与各方主体的安全生产行为

在建设工程安全监理实施过程中，监理工程师采用事前、事中和事后控制相结合的方式，对建设工程安全生产的全过程进行动态的监督管理，可以有效地规范各施工单位的安全生产行为，最大限度地避免不当安全生产行为的发生。

4. 有利于促进施工单位保证建设工程施工安全，提高整体施工行业安全生产管理水平

实施建设工程安全监理制，通过监理工程师对建设工程施工生产的安全监督管理，以及监理工程师的审查、检查、督促整改等手段，促进施工单位进行安全生产，改善劳动作业条件，通过审查安全技术措施等，保证建设工程施工安全，提高施工单位自身施工安全生产管理水平，从而提高了整体施工行业安全生产管理水平。

5. 有利于防止或减少生产安全事故，保障人民群众生命和财产安全

我国建设工程规模逐渐扩大，建筑领域安全事故发生起数和伤亡人数一直居高不下，个别地区施工现场安全生产情况仍然十分严峻，安全事故时有发生，导致群死群伤的恶性事件，给广大人民群众生命和财产带来巨大损失。实施建设工程安全监理制，监理工程师

是既懂工程技术、经济、法律，又懂安全管理的专业人士，有能力及时发现建设工程实施过程中出现的安全隐患，并要求施工单位及时整改、消除，从而有利于防止或减少生产安全事故的发生，也就保障了广大人民群众的生命和财产安全，保障了国家公共利益，从而维护了社会安定团结。

6. 有利于实现工程投资效益最大化

实行建设工程安全监理制，由监理工程师进行施工现场安全生产的监督管理，防止和减少生产安全事故的发生，保证了建设工程质量，也保证了施工进度和工程的顺利开展，从而保证了建设工程整个进度计划的实现，有利于投资的正常回收，实现投资效益的最大化。

（四）安全监理的任务

监理单位应当按照法律、法规和工程建设强制性标准及监理委托合同实施监理，对所监理工程的施工安全进行监督检查。安全监理的任务就是贯彻落实国家的安全生产方针政策，督促施工单位按照安全生产的法律、法规和有关施工规范，对施工现场易发生事故的危险源和重点环节进行控制，有效地消除各类安全隐患，实现安全生产，保证工程的质量、进度、投资目标的顺利完成。具体任务包括：

1. 施工准备阶段安全监理的主要任务

（1）监理单位应根据《安全条例》的规定，按照工程建设强制性标准、《建设工程监理规范》和相关行业监理规范的要求，编制包括安全监理内容的项目监理规划，明确安全监理的范围、内容、工作程序和制度措施，以及人员配备计划和职责等。

（2）对中型及以上项目和《安全条例》规定的危险性较大的分部分项工程，监理单位应当编制监理实施细则。实施细则应当明确安全监理的方法、措施和控制要点，以及对施工单位安全技术措施的检查方案。

（3）审查施工单位编制的施工组织设计中的安全技术措施和危险性较大的分部分项工程安全专项施工方案是否符合工程建设强制性标准要求。

2. 施工阶段安全监理的主要工作任务

（1）监督施工单位按照施工组织设计中的安全技术措施和专项施工方案组织施工，及时制止违规施工作业。

（2）定期巡视检查施工过程中危险性较大的工程作业情况。

（3）核查施工现场施工起重机械、整体提升脚手架、模板等自升式架设设施和安全设施的验收手续。

（4）检查施工现场各种安全标志和安全防护措施是否符合强制性标准要求，并检查安全生产费用的使用情况。

（5）督促施工单位进行安全自查工作，并对施工单位自查情况进行抽查，参加建设单位组织的安全生产专项检查。

（五）安全监理的控制方法

1. 安全监理的事前控制

"安全第一，预防为主"。安全监理应充分认识到事前控制的重要性并认真做好以下工作：

（1）监督施工单位应健全安全生产保证体系。监理应着重检查施工单位安全组织机构的落实、专职安全检查人员是否到位、安全职责的制定、安全保证体系的运行等情况。

（2）认真审查专项安全施工方案。监理部要求施工单位在报送施工组织设计时的同时，必须报送专项的安全措施方案。对施工单位报送的专项安全施工方案、安全措施、高危作业安全施工及应急抢险方案，监理部必须认真进行讨论，形成一致意见后，再予批准。对于建设工程重大危险源的安全监控，《安全条例》第二十六条也有明确规定，即施工单位应当在施工组织设计中编制安全技术措施和施工现场临时用电方案，对达到一定规模的危险性较大的分部分项工程编制专项施工方案，并附安全验算结果。对工程中涉及深基坑、地下暗挖工程、高大模板工程的专项施工方案，施工单位还应当组织专家进行论证、审查。经施工单位技术负责人、总监理工程师签字后实施，并由监理工程师及专职安全生产管理人员进行现场监督。

（3）严把安全交底关和特种作业人员持证上岗关。见证总包对分包的安全交底，检查安全教育、项目经理部对班组、班组对工人的安全交底有无疏漏；对塔式起重机司机、信号指挥、架子工、电工、焊工等特种作业人员配备，应事先根据机械数量和工程量确定上岗人数，人证对照，确认符合要求后方准上岗。

（4）把好进场机械设备、材料关。对进场的所有机械设备、材料必须先行报验，凡质量证明材料不全、检测过期或现场检查认为达不到安全要求的，一律不得投入使用。

（5）把好安全防护用品质量关。对工地使用的安全网、安全帽、安全带以及漏电保护开关等事先抓好报验审核工作，发现劣质、失效或国家明令淘汰的产品，坚决不准使用；每隔一段时间，组织一次对其安全性能的质量抽查，以保证防护用品安全功能有效。

（6）利用监理工作联系单、专题安全会议、工地例会等，对下一步工作或新的工序中需要注意的安全问题要及早提醒。对可能发生的安全事故，要制订生产事故应急救援预案。

2. 安全监理的过程控制

施工现场安全情况瞬息万变，再好的方案也很难保证施工过程万无一失，安全监理的过程控制是安全监理的重要一环，具体工作如下：

（1）要对全体监理人员进行安全知识培训，普及安全知识，明确安全责任，以使他们在检查质量的同时，发现一些安全方面的问题、隐患，能处理的立即处理。

（2）通过安全监理工作要点、安全风险点分析，使监理人员在工地巡视过程中，既能照顾到面上的安全，又能抓住关键要害部位，重点把好专项安全施工方案的施工、危险作业的关键工序等关口。

（3）坚持定期的安全检查和突击性抽查或专项检查制度。在承包单位经常性安全自查、监理部日常巡视检查的基础上，每周由建设单位、监理部、施工单位组织一次全面安全检查；并根据工程的进展或现场发现的事故苗头，突击性地组织专项检查。使安全施工方面的问题或隐患能及时发现和解决。

（4）发现施工安全问题，及时发出书面指令或工作联系单，并经项目经理或有关单位签认；对已完成的监理项目，要有完整的安全监理档案资料。

3. 安全监理的事后控制

怎样促使发现的问题、存在的隐患得到及时解决，如何避免承包单位在以后的工作中重蹈覆辙；监理部还要注意用好事后控制手段来亡羊补牢，并举一反三。

（1）狠抓整改措施的落实。凡是安全方面的问题、存在的隐患，坚决做到原因不查清不放过，措施不落实不松手，整改不到位不施工，教育未奏效不放松。

（2）抓好检查后的讲评、奖惩工作。每次检查结束后，都要进行讲评，对好的班组和事件，总结经验予以表彰，鼓励继续保持发扬；对差的班组和事件，帮助分析原因，制定措施，限期整改。

（3）畅通安全管理信息渠道。利用安全监理周报、安全月报、安全检查情况通报、监理工程师通知单等，扩大安全工作的影响范围，使建设单位、承包单位及公司领导及时掌握安全方面的真实信息，便于指导和改进工程的安全工作。

二、安全监理工作的范围和依据

开展安全监理工作，必须充分掌握相关的安全监理工作方面的法规条例及相关文件依据，清楚了解建设工程安全监理的范围，才能在开展工作过程中做到"有法可依"，针对性加强，才能全面有效地开展安全监理工作。

（一）建设工程安全监理的范围

《中华人民共和国建筑法》（以下简称《建筑法》）、《建设工程质量管理条例》对实行强制性监理的工程范围作了原则性的规定，《建设工程监理范围和规模标准规定》进一步具体规定了实行强制性监理的工程范围。下列建设工程必须实行监理：

1. 国家重点建设工程。依据《国家重点建设项目管理办法》所规定的对国民经济和社会发展有重大影响的骨干项目。

2. 大中型公用事业工程。项目总投资额在 3000 万元以上的下列工程项目：供水、供电、供气、供热等市政工程项目，科技、教育、文化等项目，体育、旅游、商业等项目，卫生、社会福利等项目，其他公用事业项目。

3. 成片开发建设的住宅小区工程。建筑面积在 5 万平方米以上的住宅建设工程必须实行监理；为了保证住宅质量，对高层建筑及地基、结构复杂的多层住宅应当实行监理。

4. 利用外国政府或者国际组织贷款、援助资金的工程。使用世界银行、亚洲开发银行等国际组织贷款资金的项目；使用外国政府及其机构贷款资金的项目；使用国际组织或者外国政府援助资金的项目。

5. 国家规定必须实行监理的其他工程。项目总投资额在 3000 万元以上，关系社会公共利益、公众安全的下列基础设施项目：煤炭、石油、化工、天然气、电力、新能源项目；铁路、公路等交通运输业项目；邮政、电信枢纽、通信、信息网络等项目；水利建设项目；城市基础设施项目；生态环境保护项目；学校、电影院、体育场项目等。以上工程都应纳入监理范围，凡监理范围内的项目都要进行安全监理。

(二) 建设工程安全监理的依据

建设工程安全监理的依据包括有关安全生产、劳动保护、环境保护、消防等的法律法规和标准规范、建设工程批准文件和设计文件、建设工程委托监理合同和有关的建设工程合同等。

1. 安全监理法规依据

(1) 法律

①《中华人民共和国建筑法》。

②《中华人民共和国安全生产法》。

③《中华人民共和国劳动法》。

④《中华人民共和国消防法》。

⑤《中华人民共和国环境保护法》。

⑥《中华人民共和国刑法》。

⑦《建筑业安全卫生公约法》(第 167 号公约)。

(2) 行政法规

①《建设工程安全生产管理条例》。

②《安全生产许可证条例》。

③《建设工程质量管理条例》。

④《企业职工伤亡事故报告和处理规定》。

⑤《特别重大事故调查程序暂行规定》。

⑥《特种设备安全监察条例》。

（3）行业部门规章

①《建筑安全生产监督管理规定》。

②《建设工程施工现场管理规定》。

③《建筑施工企业安全生产许可证管理规定》。

④《工程建设重大事故报告和调查程序规定》。

⑤《实施工程建设强制性标准监督规定》。

⑥《工程监理企业资质管理规定》。

⑦《监理工程师资格考试和注册试行办法》。

⑧《建设工程监理范围和规模标准规定》。

⑨《建设工程施工许可管理办法》。

（4）建设工程安全技术标准与规范

①《施工企业安全生产评价标准》。

②《建筑施工安全检查标准》。

③《建设工程施工现场供用电安全规范》。

④《施工现场临时用电安全技术规范（附条文说明）》。

⑤《建筑机械使用安全技术规程》。

⑥《液压滑动模板施工安全技术规程》。

⑦《建筑施工高处作业安全技术规范》。

⑧《龙门架及井架物料提升机安全技术规范》。

⑨《建筑施工门式钢管脚手架安全技术规范》。

⑩《建筑施工扣件式钢管脚手架安全技术规范》。

2. 建设工程批准文件

建设工程批准文件包括批准的可行性研究报告、建设项目选址意见书、建设用地规划许可证、建设工程规划许可证、施工许可证以及初步设计文件、施工图设计文件等。

3. 委托监理合同和有关的建设工程合同

工程监理单位应当根据两类合同进行安全监理。这两类合同分别是：工程监理单位与建设单位签订的建设工程委托监理合同，建设单位与施工承包单位签订的有关建设工程合同。

第二节 建筑安全生产管理的概念与管理体制

一、建筑安全生产管理基本概念

（一）安全生产管理基本概念

建筑安全生产管理，是指建设行政主管部门、建设安全监督管理机构、建设施工企业及有关单位对建设生产过程中的安全工作，进行计划、组织、指挥、控制、监督等一系列的管理活动，其目的在于保证建筑工程安全和建筑职工的人身安全。建筑生产的特点是产品固定、人员流动，而且多为露天、高处作业，施工的环境和作业条件较差，不安全因素随着工程形象进度的变化而不断变化，规律性差、隐患多。因此，建筑业属事故多发行业之一，每年施工死亡人数仅次于矿山井下，在我国各行各业中居二位。因此，《中华人民共和国建筑法》（以下简称《建筑法》）专设一章对建筑安全生产管理做出规定，这对强化建筑安全生产管理、保证建筑工程的安全性、保障职工及相邻居民的人身和财产安全，具有非常重要的意义。

所谓安全生产，是安全和生产两者的辩证统一，是对企业物质生产活动过程中自始至终的一种行为要求。安全生产的目的是保证企业顺利地保质、保量地完成和超额完成生产任务。

实现安全生产，企业就必须在管理工作中，从行政领导、组织机构、技术业务、宣传教育、规章制度等各个方面，采取有效措施，改善劳动条件，消除各种事故隐患，防止各种事故的发生，使职工能在一个安全、舒适的环境下从事生产劳动。

（二）我国建筑安全管理的方针

建筑工程安全生产管理必须坚持"安全第一、预防为主"的方针，建立健全安全生产的责任制度和群防群治制度。

"安全第一"是指在处理企业管理中安全和其他工作的关系时，把确保安全放在首要位置，即生产必须安全。"安全第一"则是从劳动保护和发展生产力的角度出发，表明了在生产中安全与生产的关系，肯定了安全在建筑生产活动中的重要性。当生产和安全发生矛盾，危及生命和国家财产时，必须停产治理，消除安全隐患，在保证职工安全的前提下，重新组织生产。

"预防为主"是指在建筑生产活动中，针对建筑生产的特点，对生产要求采取管理控制措施，把可能发生的事故消灭在萌芽状态，以保证生产活动中人员的安全。把重点放在预防上，对可能发生的各类事故，要严加防范。

安全生产方针是经过多年的实践并付出了重大的伤害代价后逐步形成的。"群防群治"制度是在建筑安全生产中，充分发挥广大职工的积极性，加强群众性的监督检查，以预防和治理生产中的伤亡事故。工会组织要在监督执行安全生产和劳动保护法规方面行使应有权利；要加强劳动保护的宣传教育，组织职工广泛开展遵章守纪和预防事故的群众性检查活动，发动群众做好安全生产工作。

（三）企业生产中的安全管理

1. 安全生产责任制

安全生产责任制是建筑生产中最基本的安全管理制度，是所有安全规章制度的核心。安全生产责任制既包括行业主管部门建立健全建筑安全生产的监督管理体系、制定建筑安全生产监督管理工作制度、组织落实各级领导分工负责的建筑安全生产责任制，也包括参与建筑活动的建设单位、设计单位特别是建筑施工企业的安全生产责任制。

2. 安全技术措施计划

建筑施工企业在施工准备阶段编制施工组织设计时，制定安全技术措施是搞好预防的重要方法之一。施工组织设计是组织工程施工的纲领性文件，是指导施工准备和组织施工的全面性的技术、经济文件，是指导现场施工的规范性文件。

安全技术措施是指针对生产劳动过程中产生的不安全因素，用生产技术加以消除和控制，以预防工伤事故的发生，如土方工程，要根据基坑、基槽、地下室等土方开挖深度和土的种类，选择开挖方法，确定边坡的坡度或采取哪种护坡支撑成护壁桩，以防土方坍塌；对塔式起重机、井字架（龙门架）等垂直运输设备的架设位置、搭设、拆卸、稳定性、安全装置等提出要求和措施。由于建筑工程的规模、复杂程度不同，施工方法、劳动组织、作业环境等各异，安全技术措施的内容应针对这些特点做出不同的规定。对脚手架、模板、深基础、垂直运输、吊装工程、临时用电等工程及爆破、水下、拆除等危险性大、专业性强的工程项目，应编制专项安全施工方案，并采取安全技术措施，保证施工安全。

3. 安全生产教育

安全生产教育是实现安全生产的一项重要基础工作，只有通过对广大建筑职工进行安全教育培训，才能提高职工做好安全生产的自觉性、积极性和创造性，增强安全意识，掌握安全知识，使安全规章制度得到贯彻执行。

安全生产教育培训的主要内容有：

（1）新工人（包括合同工、临时工、学徒工、实习和代培人员）必须进行公司、工地和班组的三级安全教育。教育内容包括安全生产方针、政策、法规、标准，安全技术知识、设备性能、操作规程、安全制度、严禁事项及本工种的安全操作规程。

（2）电工、焊工、架子工、司炉工、爆破工、机械工及起重工、打桩机和各种机动车辆驾驶人等特殊工种工人，除进行一般安全教育外，还要经过本工种的专业安全技术教育。

（3）采用新工艺、新技术、新设备施工和调换工种岗位时，对操作人员进行新技术、新岗位的安全教育。未经安全生产教育、培训的人员，不得上岗作业。

（4）安全生产的定期检查。对生产中的安全工作，除进行经常性的检查外，每年还应定期进行2~4次的安全检查。包括普遍检查、专业检查和季节性检查，这几种检查可以结合进行。

检查要有明确的目的和具体计划，由企业领导负责，有关人员参加，要自始至终贯彻领导和群众相结合的原则，要依靠群众，边检查、边改进，总结和推广先进经验。但是对于不能解决的问题，要订出计划，按期解决，做到条条有落实，件件有交代。

（5）伤亡事故的调查和处理。发生伤亡事故以后，企业领导人应按国务院75号令《企业职工伤亡事故报告和处理规定》，立即保护好现场，组织抢救和抢险，同时迅速向有关上级部门报告事故情况，并根据要求，由企业的相关部门立即组织调查和分析，按"四不放过"的原则，从生产、技术、设备、管理制度等方面找出事故发生的原因；查明责任，确定改进措施，并且指定专人，限期贯彻执行。对于违反政策法令和规章制度或工作不负责任而造成事故的，应根据情节的轻重和损失的大小，给予相应处分，直至移交司法机关处理。

二、我国安全生产的管理体制

我国安全管理体制为"企业负责，行业管理，国家监察，群众监督"。其中，"行业管理，国家监察"已在《安全条例》中进一步加以明确，国务院建设行政管理部门对全部的建设工程安全生产实施监督管理，其监督管理主要结合各行业特点制定相应的规章制度的标准，并实施行政监管，从而形成统一管理与监督管理机制结合。综合管理与专门管理相结合的系统管理体制。共同做好安全生产工作，坚持防止发生重大、特大重要事故，减少一系列事故和职业危害。

（一）企业负责

为了保护劳动者在建筑施工过程中的健康与安全，根据企业的实际情况，按照国家法律、法规的要求，应制定具体的安全生产方面的规章制度，如安全生产责任制、安全技术措施、安全检查制度等。制度必须具体、明确、公平，具有可操作性。首先，建立安全生产制度必须依法进行，符合国家法律、法规的要求；其次，安全生产制度必须落实到每个职工，明确职工个人在安全生产方面的权利、责任和义务，增强职工的安全意识和自我保护意识；最后，建立、健全安全生产制度还必须同时形成督促、监察制度和贯彻落实机制。

安全生产责任制是非分明，是建筑施工企业最基本的安全管理制度，是所有安全规章制度的核心。安全生产责任制是按照安全生产方针和"管生产同时必须管安全"的原则，将企业各级负责人员、各职能机构及其工作人员和各岗位生产工人在安全生产方面应做的工作及应负的责任加以明确规定的一种制度。

建筑施工企业安全生产责任制的主要内容有：

1. 企业经理（厂长）和主管生产的副经理（副厂长）对本企业的安全生产负总的责任。

2. 企业主任工程师（技术负责人）对本企业安全生产的技术工作负总的责任。

3. 工区（工程处、场、站）主任、施工队长应对本单位安全生产工作负具体领导责任。

4. 工长、施工员、车间主任对所管工程的安全生产负直接责任。

企业中的生产、技术、材料等各职能机构，都应在各自业务范围内，对实现安全生产负责。

建筑施工企业必须根据国家及行业的建筑施工安全技术规范和标准组织施工，并结合企业和建筑施工的实际情况，针对可能发生事故的类别、性质、特点和范围制定预防措施。建筑施工事故防范措施主要有：改进生产工艺；设置安全装置（包括防护装置、保险装置、型号装置、危险警示标志）；预防性的机械强度试验和电气绝缘检验；机械设备的维修保养和有计划的检修；文明施工；合理使用劳动保护用品；强化民主管理，认真执行操作规程，普及安全技术教育；等等。企业新建、改建、扩建工程项目（以下简称"建设项目"）必须严格执行安全设施"三同时"制度。未经审查同意的建设项目，不得进行施工；未经验收合格的建设项目，不得投产使用，审批部门不予办理行政许可手续。

企业法定代表人对本企业的生产经营活动全面负责。根据国务院关于"管生产的同时必须管安全"原则，法定代表人是本企业安全生产的第一责任人，应当对本企业的生产安全负责。建筑施工企业的法定代表人必须正确处理好生产与安全的关系，把安全与生产真正统一起来，努力改善劳动条件，创建安全的作业环境。建筑施工企业的法定代表人在建筑安全生产方面的主要职责有：认真贯彻执行安全生产政策、法规、标准和规章制度；定期向企业职工代表大会报告企业安全生产情况和措施；制定企业各级干部的安全责任等制度；定期研究解决安全生产中的问题；组织审批安全技术措施计划并贯彻实施；定期组织安全检查和开展安全竞赛等活动；对职工进行安全和遵章守纪教育；督促各级领导干部和各职能单位职工做好本职范围内的安全工作；总结与推广安全生产先进经验；主持重大伤亡事故的调查分析，提出处理意见和改正措施，并督促实施。

（二）行业管理

建筑安全生产的管理，由建设行政主管部门负责。这既符合"管生产的同时必须管安全"的原则，又符合国务院确立的安全生产管理体制。

国家建设行政主管及地方部门要根据各地的实际情况，建立科学完善的安全生产控制目标体系。建立事故起数、死亡人数与经济社会发展指标综合协调的安全生产控制指标体系，把安全生产控制指标逐级分解下达给下一级，加强检查考核国家建设行政主管及地方部门，督促国家建设行政主管及地方部门认真落实控制目标；建立和完善安全生产责任制考核制度。国家建设行政主管及地方部门要结合实际围绕责任制和控制目标的落实，制定切实可行的具体措施和考核办法，加强考核工作，并将考核结果作为干部政绩考核的重要内容和奖惩任免的重要依据。通过政府公告、新闻发布会等形式通报考核结果，对安全生产责任制落实和控制目标完成较好的地区和部门予以表彰，对安全生产责任制不落实、突破控制目标的地区和部门予以通报批评。建立和实施生产经营单位安全风险抵押金制度。建筑施工要收取一定数额的安全抵押金，抵押金征收数额应与企业的安全生产状况和事故发生情况挂钩，促使企业努力改善安全生产条件，加强管理，减少事故发生。风险抵押金实行专户储存，企业发生安全生产事故后，风险抵押金用于事故抢救和善后处理。

进一步加强安全生产监督管理队伍建设。各级政府要认真按照《中华人民共和国安全生产法》和机构改革有关规定，健全和完善安全生产监督管理机构，充实人员力量。加强对安全生产执法监督人员的业务培训，提高其执法水平。切实落实安全生产监督管理必要的资金和装备投入，保障安全生产执法监督工作正常开展。加强安全生产监管队伍建设，切实提高行政执法队伍的素质，努力建设一支思想过硬、作风优良、业务精通、纪律严明、文明执法的安全生产行政执法队伍。安全生产执法人员要加强学习，努力提高业务能力和执法水平，依法行政，秉公执法。

国务院建设行政管理部门具体安全监管职责是：

1. 贯彻执行国家和地方有关安全生产的法规、标准和方针政策，起草或制定本行政区域建筑安全生产管理的实施细则或者实施办法。

2. 制订本行政区建筑安全管理的中、长期规划和近期目标，组织建筑安全生产技术开发与推广应用。

3. 建立建筑安全生产的监督管理体系，制定本行政区域安全生产监督管理工作制度；

组织落实各级领导分工负责的建筑安全生产责任制；负责本行政区域建筑职工因公伤亡的统计和上报工作，掌握和发布本行政区域及建筑安全生产动态。

4. 负责对申报晋升企业资质等级、企业升级和报评先经企业的安全资格进行审查或者审批，行使安全生产否决权；组织或参与本行政区域工程建设中人身伤亡事故的调查处理工作，并依照规定上报重大伤亡事故。

5. 组织开展本行政区域建筑安全生产检查，总结交流建设安全生产管理经验，表彰先进；监督检查施工企业、施工现场、构配件生产车间等安全和防护措施，对在本地区施工现场使用的安全防护水平及设备组织检验、检测，纠正违章指挥和违章作业，开展意外伤害保险和常见安全文明工地活动。

6. 组织开展本行政区域建筑企业的生产管理人员和作业人员的安全生产教育、培训、考核及发证工作，监督检查建筑企业对安全技术措施费的提取和使用；领导和管理建筑安全生产监督机构的工作。

（三）国家监察

国家监察是根据国家法规对安全生产工作进行检查，具有相对独立性、公正性、权威性。建筑安全生产的国家监察由劳动行政主管部门负责，主要是监察执行国家劳动安全生产法规、政策情况，预防和纠正违反法规、政策的偏差。国家监察干预行业和企业内部执行劳动安全法规、政策的方法、措施和步骤等具体事务，不代替行业、企业的日常管理和安全检查。

建设行政主管部门进行建筑安全生产的管理，应当依照法律、法规的规定，并依法接受劳动行政主管部门对建筑安全生产的指导和监督。劳动行政主管部门指导和监督的对象与内容是检查建设行政主管部门是否执行国家劳动安全法规和政策，而不是属于行业内部的安全管理工作。简言之，即建设行政主管部门负责对建筑施工企业和施工现场的各项安全生产进行管理，劳动行政主管部门则依照有关法律的规定，对建设行政主管部门的建筑安全生产工作进行指导和监督。

行业管理和国家监察是相辅相成的政府行为，在建立社会主义市场经济的过程中，行业管理和国家监察是保证经济持续发展和安全生产水平不断提高的有效手段。

（四）群众监督

群众监督是安全生产不可缺少的重要环节，新的经济体制的建立，使群众监督的内涵再扩大。不仅是各级工会，而且社会团体、民主党派、新闻单位等对安全生产都起到监督的作用，这是保障职工的合法权益，保障职工生命安全与健康，使国家财产不受损失，以及做好安全生产的重要保证，监理单位的安全监理是安全生产群众监督的重要组成部分。

三、参与建设各方的安全责任

《安全条例》明确了建设行政管理部门的安全职能，特别明确了参与工程建设的各方主体，包括建设单位、勘察设计单位、施工单位、工程监理单位和其他参与单位在施工安全工作方面的责任。

（一）建设单位的安全责任

建设单位作为投资主体，在工程建设中居主导地位，对建设工程的安全生产负有重要责任。

1. 应在工程概算中确定并提出安全作业环境和安全施工措施的费用。

2. 不得要求勘察、设计、施工、工程监理等单位违反国家法律、法规和工程建设强制性标准规定，不得任意压缩合同约定的工期。

3. 有义务向施工单位提供工程所需的有关资料。

4. 有责任将安全施工措施报送有关主管部门备案。

5. 应当将工程发包给有建筑企业资质的施工单位等。

（二）勘察设计单位的安全责任

1. 勘察单位的安全责任

（1）应当按照法律、法规和工程建设强制性标准进行勘察，提供的勘察文件应当真实、准确，满足建设工程安全生产的需要。

（2）在勘察作业时，应当严格执行操作规程，采取措施确保各类管线、设施和周边建筑物、构筑物的安全。

2. 设计单位的安全责任

（1）按照法律、法规和工程建设强制性标准进行设计，应当考虑施工安全操作和防护的需要，对涉及施工安全的重点部位和环节在设计文件中注明，并对防范生产安全事故提出指导性意见。

（2）对采用新结构、新材料、新工艺的建设工程和特殊结构的建设工程，设计单位应当在设计中提出保障施工作业人员安全和预防生产安全事故的措施建议。

（3）设计单位和注册建筑师等注册执业人员应对其设计负责。

（三）施工单位的安全责任

施工单位在建设工程安全生产中处于核心地位。施工单位的安全责任如下：

1. 必须建立本企业安全生产管理机构和配备专职安全管理人员。

2. 应当在施工前向作业班组和人员做出安全施工技术要求的详细说明。

3. 应当对因施工可能造成损害的毗邻建筑物、构筑物和地下管线采取专项防护措施。

4. 应当向作业人员提供安全防护用具和安全防护服装，并书面告知危险岗位操作规程。

5. 应对施工现场安全警示标志使用、作业、生活环境等进行管理。

6. 应在起重机械和整体提升脚手架、模板等自升式架设设施验收合格后进行使用。

7. 应落实安全生产作业环境及安全施工措施费用。

8. 应对安全防护用具、机械设备、施工机具及配件在进入施工现场前进行查验，合格后方能投入使用。

9. 严禁使用国家明令淘汰、禁止使用的危及施工安全的工艺、设备、材料。

（四）工程监理单位的安全责任

1. 工程监理单位安全责任

工程监理单位是建设工程安全生产的重要保障，工程监理单位在监理建设工程时的安全责任如下：

（1）监理单位应审查施工组织设计中的安全技术措施或专项施工方案是否符合工程建设强制性标准。

（2）发现存在安全事故隐患时，应当要求施工单位整改或暂停施工并报告建设单位。施工单位拒不整改或者拒不停止施工的，应当及时向有关主管部门报告。

（3）监理单位应当按照法律、法规和工程建设强制性标准实施监理，并对建设工程安全生产承担监理责任。

（4）工程监理单位对施工安全的责任主要体现在审查施工组织设计中的安全技术措施或者专项施工方案是否符合工程建设强制性标准。施工组织设计是规划和指导即将建设的工程施工准备到竣工验收全过程的综合性技术经济文件，它既要体现建设工程的设计要求和使用需求，又要符合建设工程施工的客观规律，对整个施工的全过程起着非常重要的作用。施工组织设计中必须包含安全技术措施和施工现场临时用电方案，对基坑支护与降水工程、大型土方开挖工程、模板工程、起重吊装工程、脚手架工程、拆除、爆破工程达到一定规模的危险性较大的分部分项工程应当编制专项施工方案，工程监理单位对这些技术措施和专项施工方案进行审查，审查的重点在于是否符合工程建设强制性标准，对于达不到强制性标准的，应当要求施工单位进行补充完善。

2. 工程监理单位履职流程

在具体程序上，建设工程的监理工程师首先应当熟悉设计文件，并对图纸中存在的有关问题，提出书面的建议，并按照《建设工程监理规范》的要求，在工程项目开工前，由总监理工程师组织专业监理工程师审查施工单位报送的施工组织设计，提出审查意见，并经总监理工程师审核、签字后报送建设单位。监理工程师对施工组织设计审查一般包括以下十个方面：

（1）安全管理和安全保障的组织机构、项目经理、工长、安全管理人员、特种作业人员配备的人员数量及安全资格培训持证上岗情况。

（2）施工安全生产责任制、安全管理规章制度、安全操作规程的制定情况。

（3）起重机械设备、施工机具和电器设备等设置是否符合规范要求。

（4）基坑支护、模板、脚手架工程、起重机械设备和整体提升脚手架拆除等专项方案是否符合规范要求。

（5）事故应急救援预案的制订情况。

（6）冬季、雨季等季节性施工方案的制订情况。

（7）施工总平面图是否合理，办公室、宿舍、食堂等临时设施的设置，以及施工现场场地、道路、排污、排水、防火措施是否符合有关安全技术标准规范和文明施工的要求。

（8）土方开挖工程。

（9）拆除、爆破工程。

（10）安全生产、消防安全协议书的签订情况。

工程监理单位在实施监理的过程中，发现存在安全事故隐患的，应当要求施工单位整改；情节严重的，应当责令施工单位暂停施工，并及时报告建设单位。施工单位拒不整改或者不停止施工的，工程监理单位应当及时向有关主管部门报告。

（五）其他参与单位的安全责任

1. 提供机械设备和配件单位的安全责任

提供机械设备和配件的单位应当按照安全施工的要求配备齐全有效的保险、限位等安全设施和装置。

2. 出租单位的安全责任

出租机械设备、施工机具及配件的单位应当具有生产（制造）许可证、产品合格证；应当对出租的机械设备、施工机具及配件的安全性能进行检测，在签订租赁协议时，应当出具检测合格证明；禁止出租检测不合格的机械设备和施工机具及配件。

3. 拆除单位的安全责任

拆除单位在施工现场安装、拆除施工起重机械和整体提升脚手架、模板等自升式架设设施必须具有相应等级的资质。安装、拆除施工起重机械和整体提升脚手架、模板等自升式架设设施，应当编制拆除方案，制定安全施工措施，并由专业技术人员现场监督。

施工起重机械和整体提升脚手架、模板等自升式架设设施安装完毕后，安装单位应当自检，出具自检合格证明，并向施工单位进行安全使用说明，办理签字验收手续。

4. 检验检测单位的安全责任

检验检测单位对检测合格的施工起重机械和整体提升脚手架、模板等自升式架设设施及材料，应当出具安全合格证明文件，并对检测结果负责。

四、建设各方的安全管理制度

(一)《安全条例》规定的工程安全生产管理制度

建设行政主管部门实施建设工程安全生产管理制度，主要包括：三类人员考核任职制度，依法批准开工报告的建设工程和拆除工程备案制度，特种作业人员持证上岗制度，施工起重机械使用登记制度，政府安全监督检查制度，危及施工安全的工艺、设备、材料淘汰制度，安全生产事故报告制度，安全生产许可证制度，施工许可证制度，施工企业资质管理制度，意外伤害保险制度，群防群治制度，等等。

1. 三类人员考核任职制度

施工单位的主要负责人、项目负责人、专职安全生产管理人员，经政府建设行政主管部门考核合格后方可任职，考核内容主要是安全生产知识和安全生产管理能力和管理者及其任职资格。

2. 依法批准开工报告的建设工程和拆除工程的备案制度

建设单位应当自开工报告批准之日起 15 日内，将保证安全施工的措施报送建设工程所在地的县级以上地方人民政府建设行政主管部门或者其他有关部门备案。

建设单位应当自拆除工程批准之日起 15 日前，将施工单位资质等级证明，拟拆除建筑物、构筑物及可能危及毗邻建筑的说明，拆除施工方案，以及堆放、清除废弃物的措施报送建设工程所在地的县级以上地方人民政府建设行政主管部门或者其他有关部门备案。

3. 特种作业人员持证上岗制度

垂直运输机械作业人员、起重机械安装拆卸工、爆破作业人员、起重信号工、登高架设作业人员等特种作业人员，必须按照国家有关规定经过专门的安全作业业务培训，并取得特种作业操作资格证书后，方可上岗作业。

4. 施工起重机械使用登记制度

施工单位应当自施工起重机械和整体提升脚手架、模板等自升式架设设施验收合格之日起 30 日内，向建设行政主管部门或者其他有关部门登记。登记标志应设置于或者附着于该设备的显著位置。

5. 政府安全监督检查制度

县级以上地方人民政府负有建设工程安全生产监督管理职责的部门，在各自的职责范围内履行安全监督检查职责时，有权纠正违反安全生产要求的行为，责令立即排除检查中发现的安全事故隐患，对重大隐患可以责令暂停施工。建设行政主管部门或者其他有关部门可以将施工现场的安全监督检查委托给建设工程安全监督机构具体实施。

6. 危及施工安全工艺、设备、材料淘汰制度

国家对严重危及施工安全工艺、设备、材料实行淘汰制度。具体目录由国务院建设行政部门会同国务院其他有关部门制定并发布。

7. 安全生产事故报告制度

施工单位发生安全生产事故，要及时、如实向当地安全生产监督部门和建设行政管理部门报告。实行总承包的有总承包单位负责上报。施工单位应按《生产安全事故报告和调查处理条例》的规定进行报告。

8. 安全生产许可证制度

根据《安全生产许可证条例》和《建筑施工企业安全生产许可证管理规定》规定，国家对建筑施工企业实行安全生产许可证制度。建筑施工企业未取得安全生产许可证的，不得从事建筑施工活动。国务院建设主管部门负责中央管理的建筑企业安全生产许可证的颁发和管理。省、自治区、直辖市人民政府建设主管部门负责本行政区域内前述规定以外的建筑施工企业安全生产许可证的颁发和管理，并接受国务院建设主管部门的指导和监督。

9. 施工许可证制度

《建筑法》明确了建设行政主管部门审核发放施工许可证时，要对建设工程是否有安全施工措施进行审查把关。没有安全施工措施的，不得颁发施工许可证。

10. 施工企业资质管理制度

《建筑法》明确了施工企业资质管理制度，《安全条例》进一步明确规定了安全生产条件作为施工企业资质必要条件，把住安全的准入关。

11. 意外伤害保险制度

《建筑法》明确了意外伤害保险制度。《安全条例》进一步明确规定了意外伤害保险制度。意外伤害保险是法定的强制性保险，由施工单位作为投保人与保险公司订立保险合

同，支付保险费，以本单位从事危险作业的人员作为被保险人，当被保险人在施工作业发生意外伤害事故时，由保险公司依照合同向被保险人或者受益人支付保险金。该项保险是施工单位必须办理的，以维护施工现场从事危险作业人员的利益。

12. 群防群治制度

《建筑法》明确了群防群治制度，对建设工程安全生产管理实行群防群治制度。在建设工程安全生产中，应当充分发挥广大职工和工会组织的积极性，加强群众性的监督检查，发挥新闻媒体、社会团体等对安全生产的监督，以预防和减少生产中的伤亡事故。

（二）建设工程参与各方主体的安全管理制度

1. 建设单位的安全管理制度

（1）执行法律、法规与标准制度。

（2）履行合同约定工期制度。

（3）提供安全生产费用制度。

（4）保证安全施工措施的施工许可证制度。

（5）保证安全施工措施的开工报告备案制度。

（6）拆除工程发包制度。

（7）保证安全施工措施的拆除工程备案制度。

2. 勘察设计单位的安全管理制度

（1）勘察文件满足建设工程安全生产需要的制度。

（2）执行法律法规和标准设计制度。

（3）新结构、新材料、新工艺等安全措施制度。

3. 施工单位的安全管理制度

（1）安全生产许可证制度。

（2）安全生产责任制度。

（3）安全生产教育培训制度。

（4）安全生产费用保障制度。

（5）安全生产管理机构和专职人员制度。

（6）特种人员持证上岗制度。

（7）安全技术措施制度。

（8）专项施工方案专家论证审查制度。

（9）施工前详细交底制度。

（10）消防安全责任制度。

（11）防护用品及设备管理制度。

（12）起重机械和设备设施验收登记制度。

（13）三类人员考核任职制度。

（14）意外伤害保险制度。

（15）安全生产事故应急救援制度。

（16）安全生产事故报告制度。

4. 其他参与单位的安全管理制度

（1）提供单位：安全设施和装置齐全有效制度。

（2）出租单位：安全性能检测制度。

（3）拆装单位：安全技术措施制度、现场监督制度、自检制度、验收移交制度。

（4）检验检测单位：检测结果负责制度。

5. 工程监理单位的安全管理制度

（1）安全技术措施审查制度。

（2）专项施工方案审查制度。

（3）发现隐患处理制度。

（4）严重安全隐患报告制度。

第三节 安全监理职责

一、安全监理的从业要求及法律责任

监理单位只有明确了项目监理部各个岗位上监理人员的从业要求和法律责任，才能有的放矢在各个岗位上配备合适的人选，并组成一个团结、高效、履约能力强的项目监理部。

（一）工程监理单位从事建设工程安全监理的要求

工程监理单位从事建设工程安全监理应当具备以下条件：

1. 具有工程监理单位的条件，已取得监理资质证书。

2. 工程监理单位内部有建立健全的安全监理责任制。

3. 工程监理单位的企业负责人、技术负责人、项目监理机构的现场监理人员，必须具备安全培训知识。

4. 对已完成或在监理项目中发生的生产安全事故未负有主要责任。

5. 监理人员应熟悉并认真执行国家、地方有关安全生产、劳动保护、职业卫生、环境保护方面的法律、法规和标准、规范及方针、政策等。

6. 已配备实施安全监理所需的设备设施，如车辆、通信器材、照相机、计算机等。

7. 已配备实施安全监理所需的安全检测工具。

（二）监理工程师从事安全监理的要求

从事建设工程安全监理工作的监理工程师，应具有一定的工程技术、工程经济方面的专业知识，并掌握一定的建设工程法律、法规和组织管理等方面的理论知识，有较强的专业技术能力，能够对工程建设进行监督管理，提出指导性的意见，同时，具有一定的组织协调能力，能够组织、协调工程建设有关各方共同完成工程建设任务。

1. 总监理工程师

总监理工程师从事建设工程安全监理，除了应具备基本素质要求外，还应具备安全生产知识和安全生产管理能力。

（1）具备安全生产知识

①参加安全生产知识学习和培训，掌握国家有关安全生产的方针、政策、法律、法规、部门规章、标准及有关规范性文件，掌握本地区有关安全生产的法规、规章、标准及有关规范性文件。

②掌握建设工程安全生产管理的基本知识和相关专业知识。

③掌握重特大事故防范应急救援措施、报告制度及调查处理方法。

④掌握施工单位安全生产责任制和安全生产规章制度的内容。

⑤掌握施工现场安全生产监督检查的内容和方法。

⑥具有国内外安全生产管理经验。

⑦能进行典型安全事故案例分析。

（2）具备安全生产管理能力

①能认真贯彻执行国家安全生产方针、政策、法规和标准。

②能有效监督检查施工单位建立和落实安全生产责任制。

③能有效监督检查施工单位建立和落实安全生产规章制度和操作规程。

④能采取有效措施督促施工单位安全生产资金的投入与使用。

⑤能审查施工组织设计的安全技术措施、专项安全施工方案。

⑥能有效开展安全检查，及时消除生产安全事故隐患。

⑦能有效监督检查施工单位建立和落实生产安全事故应急救援预案。

⑧能及时、如实报告生产安全事故。

2. 监理工程师

监理工程师从事建设工程安全监理，除了应具备基本素质要求外，还应具备安全生产知识和安全生产管理能力。

（1）具备安全生产知识

①熟悉国家有关安全生产的方针、政策、法律、法规、部门规章、标准及有关规范性文件，本地区有关安全生产的法规、规章、标准及有关规范性文件。

②熟悉建设工程安全生产管理的基本知识和相关专业知识、标准及有关规范性文件。

③熟悉重大事故防范应急救援措施、报告制度及调查处理方法。

④了解施工单位安全生产责任制和安全生产规章制度的内容。

⑤了解施工现场安全生产监督检查的内容和方法。

⑥了解国内外安全生产管理经验。

⑦能够开展对典型安全事故的案例分析。

（2）具备安全生产管理能力

①能认真贯彻执行国家安全生产方针、政策、法规和标准。

②能有效监督检查施工单位建立和落实安全生产责任制、安全生产规章制度和操作规程。

③能采取有效措施督促施工单位安全生产资金的投入与使用。

④能审查施工组织设计的安全技术措施、专项安全施工方案。

⑤能有效开展安全检查，及时消除生产安全事故隐患。

⑥能及时、如实报告生产安全事故。

3. 监理员

监理员从事建设工程安全监理，除了应具备基本素质要求外，还应具备安全生产知识和安全生产管理能力。

（1）具备安全生产知识

①熟悉国家有关安全生产的方针、政策、法律、法规、部门规章、标准及有关规范性文件，本地区有关安全生产的法规、规章、标准及有关规范性文件。

②熟悉重大事故防范应急救援措施、报告制度及调查处理方法以及防护救护方法。

③熟悉能有效监督检查施工单位安全生产责任制和安全生产规章制度。

④熟悉施工现场安全生产监督检查的内容和方法。

⑤能进行典型安全事故案例分析。

（2）具备安全生产管理能力

①能认真贯彻执行国家安全生产方针、政策。

②能有效对安全生产现场监督检查。

③发现生产安全事故隐患，能及时向监理工程师报告。

④能及时制止现场违章操作、违章指挥行为。

⑤能及时、如实报告生产安全隐患和事故。

（3）监理员还应具备的条件

①具有熟练的安全监理知识，具备良好的职业道德，及时消除生产安全事故隐患的实事求是、科学的工作作风。

②具备专业理论知识和一定安全生产工作经验。

③具有独立处理安全技术，进行安全管理的能力。

④熟悉国家、地方有关劳动保护、环保、消防等法律法规。

⑤掌握合同管理能力。

⑥掌握规避安全监理法律责任的能力。

（三）监理工程师和工程监理单位的安全责任

《建设工程监理规范》规定："在发生下列情况之一时，总监理工程师可签发工程暂停令：……施工出现了安全隐患，总监理工程师认为有必要停工以消除隐患……"

《安全条例》明确规定了监理单位和监理工程师的安全责任：

1. 工程监理单位应当审查施工组织设计中的安全技术措施或者专项施工方案是否符合工程建设强制性标准。

2. 工程监理单位在实施监理的过程中，发现存在安全事故隐患时，应当要求施工单位整改；情况严重的，应当要求施工单位暂停施工，并及时报告建设单位，施工单位拒不整改或者拒不停止施工的，工程监理单位应当及时向有关主管部门报告。

3. 工程监理单位和监理工程师应当按照法律、法规和工程建设强制性标准实施监理，并对建设工程安全生产承担监理责任。

（四）监理工程师和工程监理单位的法律责任

《安全条例》明确规定了工程监理单位和监理工程师违反建设工程安全生产应承担相应的法律责任。

1. 可能的违法行为

工程监理单位可能发生的违法行为包括以下四点：

（1）工程监理单位未对施工组织设计中的安全技术措施或者专项施工方案进行审查。

（2）工程监理单位发现安全事故隐患未及时要求施工单位整改或者暂时停止施工。

（3）施工单位拒不整改或者拒不停止施工，工程监理单位未及时向有关主管部门报告就构成违法行为。施工单位拒不整改或者拒不停止施工，工程监理单位应当及时向有关主管部门报告。若不报告或者报告不及时，均是违法行为。

（4）工程监理单位和监理工程师未按照法律、法规和工程建设强制性标准实施监理就构成违法行为。工程建设的法律、法规和工程建设强制性标准是工程建设参与各方必须遵守的，工程监理单位也不例外。

2. 承担相应的法律责任

工程监理单位对其违法行为应承担相应的法律责任。

（1）行政责任：对于工程监理单位的上述违法行为，责令限期改正；逾期未改正的，责令停业整顿，并处 10 万元以上 30 万元以下的罚款；情节严重的，降低资质等级，直至吊销资质证书。

（2）刑事责任：《中华人民共和国刑法》规定："建设单位、设计单位、施工单位、工程监理单位违反国家规定，降低工程质量标准，造成重大安全事故的，对直接责任人员处 5 年以下有期徒刑或者拘役，并处罚金；后果特别严重的处 5 年以上 10 年以下有期徒刑，并处罚金。"这里的刑事责任针对的是工程监理单位的直接责任人员。

（3）民事责任：工程监理单位的违法行为如果给建设单位造成损失，工程监理单位对建设单位承担赔偿责任。承担民事责任的前提是建设单位必须有损失，工程监理单位才承担民事责任。

（4）监理工程师法律责任：监理工程师未执行法律、法规和工程建设强制性标准的，建设行政主管部门责令停业 3 个月以上 1 年以下；情节严重的，吊销执业资格证书，5 年内不予以注册；造成重大安全事故的，终身不予以注册；构成犯罪的，依照刑法有关规定追究刑事责任。

二、工程监理企业的安全监理职责

监理企业必须建立企业安全责任规章制度，在各级岗位职责中落实安全监理责任制，并明确考核办法，企业法定代表人为企业安全监理工作的第一责任人，而各监理项目部总监理工程师为该项目安全监理工作的第一责任人。建设单位、承包单位和安全监理工程师之间不是谁领导谁的关系，而是相互间以合同为准、互相约束的合同职责分工关系。安全监理不能代替施工单位的安全管理。只有全员参与、齐抓共管，真正将目标分解到人、细化到人，才能保证安全生产监督责任的落实。

（一）监理企业领导的安全监理职责

1. 总经理

（1）在企业内贯彻执行国家、地方关于安全监理工作方面的法律、法规和有关规定。领导公司安全管理委员会的工作，掌握公司的安全监理工作的动态，对公司安全监理工作负全面领导责任。

（2）把安全监理工作列入公司的主要议事日程，建立健全安全监理责任制度和安全监理保证体系和考核制度、奖惩规定，使安全监理工作有计划、有目标、有检查、有考核、有奖惩。

（3）确定公司的安全管理方针和安全管理目标，对安全管理体系的建立、完善、运行和持续改进进行决策，保证管理体系的实施所需必要资源的提供。

（4）任命公司安全管理体系的管理者代表，批准公司安全管理体系的《管理手册》和《程序文件》的颁发与修改。

（5）负责组织建立、持续改进公司安全管理体系，主持公司安全管理体系的管理评审，确保公司安全管理体系持续的适宜性和有效性。

（6）组织研究、解决在安全监理工作中的重大问题。

2. 主管副总经理

（1）贯彻执行国家、地方关于安全监理工作方面的法律、法规和有关规定。在总经理的领导下，对公司安全监理工作负直接领导责任。

（2）开展公司安全管理委员会的日常工作及对公司安全监理工作人员的管理，贯彻落实各级安全监理责任及各项安全监理工作制度。

（3）领导组织安全监理部门对各咨询部、监理部和项目监理部安全监理工作的检查，督促消除重大事故隐患。

（4）具体领导组织安全监理系统各级管理人员的培训、教育、评比工作，组织学习推广安全监理工作的先进经验。

（5）具体领导组织对公司各部门和人员在安全监理工作方面的评比和考核工作，并根据评比和考核结果，按规定实行奖惩与处罚。

（6）负责追踪监理项目部生产安全事故的调查，依据"四不放过"的原则分析安全监理方面的责任，并追究相关人员的责任，制定防止重复发生的预防措施。

3. 总监理工程师

（1）从技术上把握国家、地方有关安全监理方面的法规、技术规范、工艺标准的有效版本，对公司的安全监理工作负技术领导责任。

（2）编制和持续改进公司的安全管理体系的《管理手册》《程序文件》和项目的《安全监理作业指导书》。

（3）检查职业健康安全管理体系的日常运转工作；做好体系内审活动的策划、组织、协调工作，并跟踪与验证各项纠正、预防措施。

（4）收集各职能部门及各项目监理部按照管理体系要求执行情况的记录，协助最高管理者做好管理评审工作。

（5）为危险源的识别与控制提供技术支持。

（6）审查重大工程的施工组织设计中的安全技术措施或者专项施工方案，是否符合工程建设强制性标准。

（7）协助人力资源部编制培训计划，实施岗前培训。

（二）项目监理部的安全监理职责

1. 项目总监、总监代表

（1）按照法律、法规和工程建设强制性标准实施监理，落实项目安全总监负责制，按照《安全条例》要求承担安全监理责任。

（2）明确各管理岗位、各职能人员的安全监理责任和考核指标，领导并支持安全监理人员的工作。

（3）结合项目的实际情况，组织编制项目的《安全监理实施细则》和《项目安全监理方案》。

（4）审查施工组织设计中的安全技术措施或者专项施工方案是否符合工程建设强制性标准。

（5）严格对进入现场施工单位的资格审查工作，严格对其营业执照、资质证书、安全生产许可证发放和管理工作，审查安全管理组织机构、项目经理、工长、安全管理人员、特种作业人员配备的人员数量及安全资格培训上岗情况。

（6）审查施工单位的安全生产责任制、安全生产管理规章制度和安全操作规程的制订情况。

（7）审查施工单位的起重机械设备、施工机具和电器设备等设置是否符合规范要求，审查对大型机械设备投入使用前的验收手续。

（8）审查施工单位的事故应急救援预案的制订情况。

（9）审查施工单位的冬季、雨季等季节性施工方案的制订情况。

（10）审查施工单位的施工总平面图是否合理，办公室、宿舍、食堂等临时设施的设置，以及施工现场场地、道路、排污、排水、防火措施是否符合有关安全技术标准规范和文明施工的要求。

（11）审查对危险源项目如土方开挖工程、模板工程、起重机械设备、脚手架工程、拆除、爆破工程等专项方案及审批情况和需要提供的专家论证、审查的书面资料。

（12）审查总包与建设方，总、分包单位的安全、消防、临时用电协议。

（13）加强安全巡视，及时下发《安全监理通知》。发现存在安全事故隐患的，应当要求施工单位整改；情节严重的，应当责令施工单位暂停施工，并及时报告建设单位。施工单位拒不整改或者不停止施工的，工程监理单位应当及时向有关主管部门报告。

2. 项目安全监理工程师

项目安全监理工程师必须履行合同规定的职责，可以行使合同规定或合同暗示的职权，除此之外，他无权解除合同中规定的承包单位应尽的责任和义务。安全监理工程师一般有如下职责：

（1）协助建设单位开展工程招标，对承包单位进行安全资质审查确认，未经安全总监理工程师同意，不得擅自转包、分包工程。

（2）协助建设单位与承包单位签订安全生产协议书和安全押金合同。

（3）监督安全生产协议书的实施。

（4）审查承包单位提出的安全技术措施，并监督实施。

（5）监督承包单位按规定搭设安全设施。

（6）检查分部、分项工程安全状况和签署安全评价意见。

（7）参与工程事故分析和处理，督促安全技术防范措施实施和验收。

（8）督促承包单位及时整理现场安全管理文件资料。

（9）协助建设单位参加竣工验收。

（10）参与工程结算和其他与工程安全有关的事项。

3. 项目安全监理员

（1）安全监理员是项目安全生产日常监理工作的主要实施者，代表总监理工程师在项目工程监理过程中行使项目安全生产监理的职责。

（2）安全监理员应认真贯彻执行《安全条例》，贯彻执行劳动保护及安全生产的方针、政策、法律、法规、规范、标准，做好安全生产的宣传教育和监理工作。

（3）安全监理员有权参加施工组织设计（方案）和安全技术措施计划的审查工作，并对执行情况进行监督检查。

（4）安全监理员应做好日常安全巡视检查工作，掌握安全生产动态。

（5）安全监理员应参加监理安全巡检活动，做好安全活动记录。

（6）安全监理员有权检查施工人员持证上岗情况，对特殊工种人员无证上岗情况有权制止。

（7）安全监理员在实施监理过程中，有权制止违章指挥、违章操作行为；发现存在安全事故隐患的，有权要求施工单位整改，并应及时向总监理工程师汇报；情况严重的，应当要求施工单位立即停止施工，并向总监理工程师汇报。

（8）安全监理员应监督检查施工单位安全整改通知的落实情况。对整改通知回复单内容有权进行核查，对未达到整改要求的，有权要求继续整改，并将核查情况向总监理工程师汇报。

第五章　安全监理工作的实施

监理单位同建设工程单位签订监理合同，明确监理责任后，监理单位要依据法律、法规对工程安全监理进行策划，组建项目监理机构，召开安全监理工作准备会；准备检查设备与设施，掌握施工图纸和设计说明文件，熟悉和分析监理合同及其他建设工程合同，编制安全监理规划与安全监理实施细则，辨识和评价现场可能的危险源，排除安全隐患，制订进行施工过程安全监理及安全资料管理等整个安全监理工作实施程序。

第一节　项目安全监理工作的实施程序

一、组建项目监理机构

工程监理单位应根据建设工程的规模、性质、建设单位对安全监理的要求，委派称职的人员担任项目总监理工程师，代表监理单位全面负责该工程的安全监理工作。

总监理工程师在组建项目监理机构时，应根据安全监理大纲内容和签订的委托监理合同内容进行组建，配备相应的监理机构人员，并在安全监理规划（安全计划）具体实施执行中进行及时调整。

（一）项目监理机构总监理工程师由公司负责人任命并书面授权。总监理工程师的任职应考虑：资格；政策、业务、技术的水平；综合组织协调能力。总监理工程师代表可根据工程项目需要配置，由总监理工程师提名，经公司负责人批准后任命。总监理工程师应以书面的授权委托书明确委托总监理工程师代表办理的监理工作。

（二）项目监理机构由总监理工程师、总监理工程师代表（必要时）、专业监理工程师、监理员及其他辅助人员组成。项目监理机构的规模应根据建设工程委托安全监理合同规定的服务内容、工程的规模、结构类型、技术复杂程度、建设工期、工程环境等因素确定。项目监理机构组成人员一般不应少于三人，并应满足安全监理各专业的需要。

（三）项目监理机构人员组成及职责、分工应于委托安全监理合同签订后在约定的时间内书面通知建设单位。

（四）总监理工程师在项目监理过程中应保持稳定，必须调整时，应征得建设单位的同意；项目监理机构人员也应保持稳定，但可根据工程进展的需要进行调整，并书面通知建设单位和施工承包单位。

（五）项目监理机构内部的职务分工应明确职责，可由项目监理机构成员兼任。

（六）所有从事现场安全监理工作的人员均宜通过正式安全监理培训并持证上岗。

二、安全监理工作准备会

项目监理机构建立后应及时召开安全监理工作准备会。会议由工程监理单位分管负责人主持，宣读总监理工程师授权书，介绍工程的概况和建设单位对安全监理工作的要求，由总监理工程师组成的监理单位全体人员，都要学习监理人员岗位责任制和监理工作人员守则，明确项目监理机构各监理人员的职务分工及岗位责任。

三、准备监理设备与设施

按《建设工程监理规范》的规定，建设单位应提供委托监理合同约定的满足监理工作需要的办公、交通、通信、生活设施，项目监理机构应妥善保管与使用，并在项目监理工作完成后归还建设单位。项目监理机构也可根据委托监理合同的约定，配备满足监理工作需要的上述设施。项目监理部应配备满足监理工作需要的常规的建设工程安全检查测试工具，总监理工程师应指定专人予以管理。

四、熟悉施工图纸和设计说明文件

施工图纸和设计说明文件是实施建设工程安全监理工作的重要依据之一。总监理工程师应及时组织各专业监理工程师熟悉施工图纸和设计说明文件，预先了解工程的特点及安全要求，及早发现和解决图纸中的矛盾与缺陷，并做好记录。将施工图纸中发现的问题以书面形式汇总，报送建设单位提交给设计单位。必要时应提出合理的建议，并与有关各方协商研究，统一意见。

熟悉施工图纸时应核查的主要内容为：

（一）施工图纸审批签认手续是否齐全，是否符合政府有关批文要求。

（二）施工图纸和设计说明文件是否完整，是否与图纸目录相符。

（三）施工图纸中使用的新材料、新技术、新工艺，有无主管部门鉴定和确认的批准文件；设计说明文件是否说明施工中应注意事项。

（四）施工图纸中规定的施工工艺是否符合规范、规程的规定，是否符合实际，是否存在不易保证工程施工安全的问题。

（五）施工图纸中有无遗漏、差错或自相矛盾之处。

（六）各专业的设计图纸是否符合现行的劳动保护、环保消防、人防等法律、法规的规定。

（七）施工图纸的设计深度是否满足施工的需要等。

五、熟悉和分析监理合同及其他建设工程合同

为发挥合同管理的作用，有效地进行建设工程安全监理，总监理工程师应组织监理人员在工程建设施工前对建设工程合同文件（包括施工合同、监理合同、勘察设计合同、材料设备供应合同）等进行全面的熟悉、分析。合同管理是项目监理机构的一项核心工作，总监理工程师应指定专人予以管理。

总监理工程师应组织项目监理机构人员对监理合同进行分析，应了解和熟悉的主要内容有：监理工作的范围；监理工作的期限；双方的权利、义务和责任；违约的处理条款；监理酬金的支付办法；其他有关事项。

总监理工程师应组织人员对施工合同进行分析，应了解和熟悉的主要内容有：承包方式与合同总价；适用的建设工程施工安全标准规范；与项目监理工作有关的条款；安全风险与责任分析；违约的处理条款；其他有关事项。

项目监理机构应根据对建设工程合同的分析，提出相应的对策，制定在整个安全监理过程中对有关部门合同的管理、检查、反馈制度，并在建设工程安全监理规划中做出具体规定。

六、编制安全监理规划与安全监理实施细则

建设工程安全监理规划（安全计划）是开展建设工程安全监理活动的纲领性文件，是指导项目监理机构开展安全监理工作的指导性文件，直接指导项目监理机构的监理业务工作。

安全监理规划的编制应由项目总监理工程师负责组织项目监理机构人员在监理合同签订及收到施工合同、设计文件后，在约定的时间内（一般应在 14 天内）编制完成，并经工程监理单位技术负责人审核批准后，在第一次工地会议前报送建设单位及有关部门。

在安全监理规划的指导下，为具体指导安全监理人员工作，还需要结合建设工程的实际情况制定相应的安全监理实施细则。对中型及以上或危险性大、技术复杂、专业性较强的工程项目，总监理工程师应组织专业监理工程师编制安全监理实施细则。

安全监理规划和安全监理实施细则的编制，应满足《建设工程监理规范》中监理规

划、监理实施细则的要求。

七、制定和实施安全监理程序

监理工程师在对建设工程施工安全进行严格控制时，要严格按照工程施工工艺流程、作业活动程序等制定一套相应的科学的安全监理程序，对不同结构的施工工序、作业活动等制定出相应的检查、验收核查办法。在施工过程中，监理人员应对建设工程施工项目做详尽的记录并填写表格。

根据安全监理规划和安全监理实施细则，监理人员对建设工程实施安全监理，开展具体的监理工作。在实施的过程中，应加强规范化工作，具体包括：

（一）工作程序的规范化。这是指各项监理工作部应按一定的顺序、程序先后展开，从而使监理工作能有序地达到目标。

（二）职责分工的规范化。建设工程安全监理工作是由不同专业、不同层次的专家群体共同来完成的，他们之间的职责分工是协调进行安全监理工作的前提和实现安全监理目标的重要保证。因此，职责分工必须是明确的、严密的、规范的。

（三）工作目标的规范化。在职责分工的基础上，每一项监理工作的具体目标都应是确定的，完成的时间也应有时限规定，检查和考核也应有明确要求，从而实现工作目标的制定、实施、检查、考核的规范化。

八、辨识和评价现场可能的危险源，排除施工安全隐患

在施工开始前，监理工程师应了解现场的环境、障碍等不利因素，以便掌握不利因素的有关资料，及早提出防范措施。不利因素包括图纸未能表示出的地下结构，地下管线及施工现场毗邻区域的建筑物、构造物、地下管线等，以及建设单位须解决的用地范围内地表以上的电信、电杆、房屋及其他影响安全施工的构筑物等。

九、掌握新技术、新工艺、新材料和新标准

施工中采用的新技术、新工艺、新材料，应有相应的技术标准和使用规范。监理人员根据工作需要与可能，对新技术、新工艺、新材料的应用进行必要的走访与调查，以防止施工中发生安全事故，并做出相应对策。

十、进行全过程安全监理，参与验收、签署建设工程监理意见

工程监理单位应进行全过程安全监理，参加建设单位组织的工程竣工验收，签署工程监理单位意见。

十一、安全监理资料的移交

建设工程安全监理工作完成后，工程监理单位应按委托监理合同中的约定向建设单位提交监理档案资料。如在合同中没有做出明确的规定时，监理单位一般应提交的资料包括：工程变更、监理指令性文件、各种签证等档案资料。

十二、安全监理工作的总结

安全监理工作完成后，项目监理机构应及时从以下两个方面进行安全监理工作总结：

（一）向建设单位提交的安全监理工作总结，主要内容包括：委托监理合同履行情况概述；安全监理任务或监理目标完成情况的评价；由建设单位提供的供监理活动使用的办公用房、车辆、设施等的清单，表明监理工作终结的说明；等等。

（二）向工程监理单位提交的安全监理工作总结，主要内容包括：安全监理工作的经验和工作中存在的问题及改进的建议。其中，安全监理工作的经验，如采用某种技术、方法的经验，采用某种经济措施、组织措施的经验，以及委托监理合同执行方面的经验，如何处理好与建设单位、施工承包单位的经验，等等。

第二节　安全监理规划和细则编制

安全监理规划是工程监理单位接受建设单位的委托并签订委托监理合同之后，在项目总监理工程师的主持下，由专业监理工程师参加，根据委托监理合同，在安全监理大纲的基础上，结合工程的具体实际情况，广泛收集工程信息和资料的情况下编制，并经过工程监理单位技术负责人批准，用来指导项目监理机构全面开展安全监理工作的指导性文件。安全监理实施细则是根据安全监理规划，针对工程项目中的某一专业或者某一方面安全监理工作的操作性文件。

一、建设工程安全监理工作文件的构成及其关系

建设工程安全监理工作文件包括安全监理大纲、安全监理规划和安全监理实施细则。安全监理大纲是在监理单位投标时编制的，安全监理规划是在监理合同签订后编制的，安全监理实施细则是监理合同签订后由专业监理工程师编制的。安全监理大纲、安全监理规划和安全监理实施细则之间存在明显的依据性关系，即安全监理规划编制要根据安全监理大纲的有关内容进行编制，安全监理实施细则编制要在安全监理规划的指导下进行。

（一）安全监理大纲

安全监理大纲，又称安全监理方案，是工程监理单位在建设单位开始委托监理的过程中，特别是在建设单位进行监理招标过程中，为承揽到安全监理业务而编制的监理方案性文件。

安全监理大纲应包括拟派往项目监理机构的监理人员情况介绍、拟采用的监理方案、提供给建设单位的阶段性监理文件等内容。

1. 拟派往项目监理机构的监理人员情况介绍

在安全监理大纲中，工程监理单位需要介绍拟派往所承揽或投标工程的项目监理机构的主要监理人员，并对他们的资格等情况进行说明，包括资格（如注册证）、水平（如业务、技术、政策）、能力（如组织协调）等。其中，应重点介绍拟派往工程的项目监理机构的总监理工程师的情况。

2. 拟采用的监理方案

工程监理单位应当根据建设单位所提供的工程信息，并结合自己为投标所初步掌握的工程资料，制订出拟采用的监理方案。监理方案的具体内容包括：项目监理机构的方案、建设工程目标的具体控制方案、工程建设各种合同的管理方案、项目监理机构在监理过程中进行组织协调的方案等。

3. 将提供给建设单位的阶段性监理文件

在安全监理大纲中，工程监理单位应明确未来工程监理中向建设单位所提供的阶段性的监理文件，这将有助于满足建设单位掌握工程建设过程中的需要，也有利于监理单位顺利承揽该建设工程的监理业务。

（二）安全监理规划

安全监理规划是工程监理单位接受建设单位的委托并签订委托监理合同之后，在项目

总监理工程师的主持下，由专业监理工程师参加，根据委托监理合同，在安全监理大纲的基础上，结合工程的具体实际情况，广泛收集工程信息和资料的情况下编制，并经过工程监理单位技术负责人批准，用来指导项目监理机构全面开展安全监理工作的指导性文件。

（三）安全监理实施细则

安全监理实施细则是在安全监理规划的基础上，由项目监理机构的专业监理工程师针对建设工程中的某一专业或者某一方面的安全监理工作编写，并经总监理工程师审批实施的操作性文件。安全监理实施细则的作用是指导本专业或本子项目具体监理业务的开展。

二、建设工程安全监理规划编制的依据和要求

（一）安全监理规划编制的依据

建设工程安全监理规划编制的依据包括：

1. 建设工程安全生产、劳动保护、环保、消防等法律法规。具体有：

（1）国家、地方有关安全生产、劳动保护、环保、消防等的法律法规。

（2）国家、地方有关建设工程安全生产的法律法规。

（3）建设工程安全生产标准和规范。

2. 政府批准的工程建设文件及设计文件。政府批准的工程建设文件设计文件主要包括：政府主管部门批准的可行性研究报告、立项批文，政府国土、建设、规划、环保、消防等部门审批确定的土地使用条件、规划条件、环境保护、消防安全要求，等等。设计文件主要包括施工图纸和设计说明文件等。

3. 建设工程监理合同。

4. 其他建设工程合同。

5. 监理大纲。

（二）建设工程安全监理规划编制的要求

1. 具有针对性、可操作性

安全监理规划是指导某一个特定建设工程安全监理工作的技术组织文件，它的具体内容应与该工程相适应。由于所有建设工程都具有一次性、单件性的特点，即每个建设工程都有自身的特点，而且，每一家工程监理单位和每一位总监理工程师对某一个具体建设工程在安全监理指导思想、安全监理方法和安全监理手段等方面都会有自己的独到之处。建设工程安全监理规划只有具有针对性，才能真正起到指导具体安全监理工作的作用。

2. 具有科学性

建设工程安全监理规划应与建设工程运行客观规律相一致，必须把握和遵循建设工程运行客观规律。安全监理规划要随着建设工程的展开进行不断地补充、修改和完善。在建设工程的运行过程中，外部环境、内部因素等不可避免地要发生变化，造成工程的实施情况偏离计划，往往需要调整计划乃至目标，这就必然造成安全监理规划在内容上也要进行相应地调整。

3. 基本内容的统一性和表达方式的规范性

安全监理规划表达方式的统一性，是指安全监理规划要充分反映《建设工程监理规范》要求，其总体内容是对建设工程施工全过程的安全生产进行监督管理，通过合同管理，组织协调相关单位之间的工作关系。安全监理规划的作用是用来指导项目监理机构开展安全监理工作，因此，安全监理规划必须包括整个安全监理工作的组织、控制、方法、措施等。所以，安全监理规划基本构成内容的统一，应当包括目标规划、监理组织、目标控制、合同管理和信息管理等。针对某一个具体建设工程，还应根据监理单位与建设单位签订的监理合同所确定的监理实际范围、深度加以适当调整。

在安全监理规划的内容表达上，要求尽可能采用表格、图表的形式，以及简单的文字说明，并在安全监理规划中做出统一规定。只有这样，建设工程安全监理工作才能走上规范化、标准化、科学化的道路。

4. 安全监理规划编制应由项目总监理工程师主持

《建设工程监理规范》规定："监理规划应由项目总监理工程师主持，专业监理工程师参加编制"。因此，安全监理规划是总监理工程师主持进行编制，同时，总监理工程师应充分征求各专业监理工程师及监理员的意见和建议，以及建设单位的意见，必要时可征求其他相关方（如施工、设计、社会、政府等部门）的意见。

5. 一般应分阶段编写

工程项目建设是有阶段性的，安全监理规划内容源于监理规划信息。建设工程实施中所输出的工程信息是相应的监理规划信息的来源。由于工程实施各阶段的工程信息是不同的，因此，工程实施各阶段的监理规划也是不同的，这就决定了安全监理规划内容应分阶段进行调整、修改、完善。设计阶段、施工招标阶段、施工阶段，其安全监理规划的内容是不同的，即使在施工阶段，土方开挖、基础、主体、安装、装修及竣工验收等阶段的施工内容也是不同的，其安全监理工作的内容也不相同。因此，安全监理规划应根据工程进度情况进行调整、修改，以使安全监理规划动态地控制整个建设工程安全生产的正常运行。

6. 安全监理规划应经审核

安全监理规划在编写完成后应经过审核，并由工程监理单位技术负责人审核批准。安全监理规划是否要经过建设单位的认可，由委托监理合同或双方协商确定。

三、建设工程安全监理规划编制的内容和审核

（一）建设工程安全监理规划编制的内容

1. 工程项目概况

工程项目概况的主要内容包括：建设工程的名称、地点、建筑规模（如层数、高度、面积等）、结构类型；建设工程组成；建设工程的安全要求；计划工期；投资总额；质量要求；勘察单位、设计单位、施工单位名称及其联系人、地址、电话；建设工程结构图与编码系统等。

2. 监理工作范围

监理工作范围是指工程监理单位依据监理合同应承担的安全监理任务的工作范围。如监理单位承担整个建设工程的安全监理任务，则监理工作范围为全部建设工程；若只承担建设工程的子标段或子项目的安全监理任务，则监理工作范围为建设工程的该子标段或该子项目。

3. 安全监理工作内容

（1）施工准备阶段

①协助建设单位与施工承包单位签订建设工程安全生产协议书。

②审查专业分包和劳务分包单位的建筑业企业资质和安全生产许可证。

③审查电工、电焊工、架子工、起重机械工、塔式起重机操作人员及指挥人员、爆破工等特种作业人员资格。

④督促施工承包单位建立健全施工现场安全管理体系。

⑤审查施工承包单位检查各分包单位的安全生产管理制度和安全管理体系。

⑥审查施工承包单位编制的施工组织设计的安全技术措施、专项施工方案。

⑦督促施工承包单位做好逐级安全技术交底工作等。

（2）施工阶段

①监督施工承包单位按照工程建设强制性标准和施工组织设计、专项施工方案组织施工，及时制止违规指挥和违章作业。

②对施工过程的高危作业进行巡视检查，每天不少于一次。

③发现严重违规施工和存在安全事故隐患的，应当要求施工单位整改，并检查整改结果，签署复查意见；情节严重的，由总监理工程师下达工程暂停令，并及时报告建设单位；施工承包单位拒不整改或者不停止施工的，应当及时向建设主管部门报告。

④督促施工承包单位进行安全自查工作。

⑤参加或组织施工现场的安全检查。

⑥核查施工承包单位施工机械、安全设施的验收手续，并签署意见。

⑦监理人员对高危作业的关键工序实施现场跟班监督检查。

（3）竣工验收阶段

在工程竣工或分项竣工签发交接书后，对未完成的工程和工程缺陷的修补、修复及重建过程进行的安全监督管理。

4. 安全监理工作目标

建设工程安全监理工作目标是指工程监理单位对所监理的建设工程的预期要达到的安全目标，通常包括安全控制目标、安全管理目标以及其他工作目标。

5. 安全监理工作依据

（1）国家、地方有关安全生产、劳动保护、环境保护、消防等法律法规及方针、政策。

（2）国家、地方有关建设工程安全生产法律法规、标准规范及规范性文件。

（3）政府批准的建设工程文件及设计文件。

（4）建设工程监理合同和其他建设工程合同。

6. 项目监理机构的组织形式

项目监理机构的组织形式应根据安全监理的要求选择，可用组织机构图表示。

7. 项目监理机构的人员配备

计划项目监理机构的人员配备，应根据建设工程安全监理的进度合理安排。

8. 项目监理机构的人员岗位职责

项目监理机构的人员岗位职责，可参考前面章节。

9. 安全监理的监理工作程序

监理工作程序简单明了的表达方式是监理工作流程图。一般可对不同的安全监理工作的内容分别制定安全监理工作程序。

（1）分包单位资格审查基本程序。首先是选择分包单位，由承包单位填写的《分包单位资格报审表》和《安全生产许可证资料》，再由总监理工程师审查签认审查意见；同意后，由承包单位与分包单位签订合同和安全协议，最后分包单位进场。

（2）工程暂停及复工管理的基本程序。

10. 安全监理工作方法及措施

（1）安全目标的描述：

①安全控制目标的要求。

②安全管理目标的要求。

③其他要求。

（2）安全目标实现的风险分析。通过施工现场危险源的识别，建立危险源清单，对危险源进行安全风险评价。根据评价结果，判定安全风险的程度，列出重大危险源清单，进行安全风险决策，对重大危险源事先制订控制措施计划，等等。

（3）安全控制的工作流程。

（4）安全控制的措施如下：

①安全控制的组织措施。建立健全项目监理机构，完善职责分工，制定有关安全监督制度，落实安全控制责任。

②安全控制的技术措施。督促施工单位完善安全管理体系，严格事前、事中和事后的安全检查制度。

③安全控制的经济措施或合同措施。严格安全检查和专项施工方案、施工机械、安全设施等的检查验收。对不符合标准规范的，应拒绝核查验收，并要求施工单位整改；对存在安全隐患的，施工单位拒绝整改，施工现场安全文明较差的，等等，应根据合同或安全生产协议书进行处罚。同时，对达到安全文明施工的，应进行奖励。

（5）安全控制表格。

11. 安全监理的监理工作制度

（1）施工阶段

①设计文件、图纸审查制度和设计变更处理制度。

②施工图纸会审和设计交底制度。

③施工组织设计（专项施工方案）审查制度。

④工程开工申请审批制度。

⑤工程材料、半成品质量检验制度。

⑥安全物资查验制度。

⑦工程安全事故处理制度。

⑧工程安全隐患整改制度。

⑨监理报告制度。

⑩监理日志和会议制度等。

（2）项目监理机构内部

①监理组织工作会议制度。

②对外行文审批制度。

③安全监理工作日志制度。

④安全监理周报、月报制度。

⑤技术、经济资料及档案管理制度。

⑥监理费用预算制度。

12. 安全监理的监理设施

根据《建设工程监理规范》要求，建设单位应提供满足监理工作需要的设施，例如，办公设施、交通设施、通信设施、生活设施等。

项目监理机构应根据建设工程类别、规模、技术复杂程度、建设工程所在地的环境条件，按委托监理合同的约定，配备满足安全监理工作需要的常规检测设备和工具。

（二）建设工程安全监理规划的审核

建设工程安全监理规划在编写完成后需要进行审核并经批准。工程监理单位的技术主管部门是内部审核单位，其技术负责人应当签认。建设工程安全监理规划审核的内容主要包括以下五方面：

1. 安全监理范围、工作内容及监理目标的审核。

2. 项目监理机构，组织机构、人员配备，审核派驻监理人员的专业、人数数量是否满足监理工作。

3. 工作计划的审核。

4. 安全监理的控制方法和措施的审核。

5. 监理工作制度的审核。

四、建设工程安全监理实施细则的编制

根据建设部《危险性较大工程安全专项施工方案编制及专家论证审查办法》的规定，对危险性较大工程要求施工单位编制安全专项施工方案。同时，作为监理单位，也应该结合工程实际，包括其他认为有必要的分部分项工程，编制针对性的安全监理实施细则。

安全监理实施细则是根据安全监理规划，由项目监理机构的专业监理工程师编写，并经总监理工程师批准，针对建设工程项目中的某一专业或者某一方面的安全监理工作的操作性文件。安全监理实施细则应结合工程项目的专业特点，做到详细具体，具有可操

作性。

(一) 安全监理实施细则的编制程序

1. 安全监理实施细则应根据安全监理规划的总要求，确定专业监理的监理标准，分段编写，但必须在相应工程施工开始前编制完成，用以指导专业监理的操作。

2. 安全监理实施细则是专门针对建设工程项目中的一个具体的专业制定的，专业性强，编制的深度要求高，应由专业监理工程师组织项目监理机构中该专业的监理人员编制，并必须经总监理工程师批准。

3. 在监理工作实施过程中，安全监理实施细则应根据实际情况进行补充、修改和完善。

(二) 安全监理实施细则的编制依据

1. 已批准的安全监理规划。

2. 与专业工程相关的标准、规范、规程、设计文件和技术资料。

3. 施工组织设计，专项施工方案。

(三) 安全监理实施细则的主要内容

1. 专业工程的特点。

2. 监理工作的流程。

3. 监理工作的控制要点及目标。

4. 监理工作的方法及措施。

第三节　项目施工准备阶段的安全监理

项目监理部组建完成后，应该进行一系列的准备工作。在编制安全监理规划和编制针对性的安全监理实施细则的同时，还要进行设计交底与施工图纸的现场核对、施工单位的控制、施工平面布置的控制等施工阶段的工作，为安全监理工作打下良好的基础。施工准备阶段安全监理的内容如下：

一、熟悉合同文件

要有效地进行项目的安全监理，发挥合同管理的作用，合理地解决合同中发生的纠纷，起到按合同文件规定的公正作用，首先，安全监理工程师就应组织全体监理人员在施工监理工作实施之前，对组成该项目的合同文件进行全面地了解和熟悉。

二、调查现场用地环境

安全监理工程师在合同实施前的准备阶段，应全面掌握现场占用和借用工地及通往现场的道路情况，并根据计划开工的段落顺序及时要求建设单位给予提供。当安全监理工程师经过调查，由于地下管线、高压输电设备、交通等环境安全方面的问题需要特殊处理时，应及时与承包单位协商，按照建设单位所能提供的现场用地情况征询承包单位意见，预先采取必要的安全措施，并对其开工的安排做局部调整。

三、设计图纸的补充、复核

一个项目的设计不可能达到完美无缺的程度，完全有可能在施工中出现这样或那样的问题，这些问题，将可能导致施工中的不安全因素的产生。因此，在项目开工前的准备阶段，总监理工程师应指示其助手进行设计图的检查、复核、补充、更正。必要时，安全监理工程师要到现场调查。

四、制定安全监理程序、记录和表格

任何一个工程的工序或一个构件的生产都有相应的工艺流程，如果其中一个工艺流程未进行严格操作，就可能出现工伤事故。因此，安全监理工程师在对工程安全进行严格控制时，就要按照工程施工的工艺流程制定出一套相应的科学的安全监理程序，对不同结构的施工工序制定出相应的检测、验收方法，只有这样才能达到对安全严格控制的目的。在监理过程中安全监理人员应对监理项目做详尽的记录和填写表格。

五、调查可能导致意外伤害事故的其他原因

在施工开始之前，了解现场的环境、人为障碍等因素，以便掌握障碍所在和不利环境的有关资料，及早提出防范措施。这里所指的障碍和不利环境是指图纸未表示出的地下结构，如暗管、电缆及其他构造物，或者是建设单位须解决的用地范围内地表以上的电信、电杆、树木、房屋及其他影响安全施工的构筑物。当安全监理工程师掌握这些可能导致工伤事故的因素后，就可以研究制订合理的监理方案和细则。

六、审查承包单位施工组织或施工大纲中的安全技术措施

（一）工程合同签订后，承包单位应根据安全技术规程、规范编制施工组织设计或施工大纲中的安全技术措施，连同施工组织设计或大纲一并提交安全监理工程师审查。

（二）安全监理工程师一般应在 15 日之内给予批准或提出修改意见。

（三）承包单位对批准的安全技术措施应立即组织实施。做财力、物力、人力等方面的准备工作，做到准时、准确到位。对需要修改的安全技术措施计划，承包单位修改后应再报安全监理工程师审查，批准后才能实施。

（四）对于修改、变更后的安全技术措施所增加的费用，安全监理工程师有权利和义务提请建设单位给予充分考虑和解决。

（五）安全技术措施未批准前，监管施工单位不得擅自施工。

七、承包单位接管现场（或接管一部分现场）

承包单位在接到中标通知书的规定时间内，根据批准的工程进度计划中有关施工的顺序，接管现场（或部分现场）。接管现场时，建设单位和安全监理工程师必须在场，并以书面的形式，三方面签字确认，安全监理工程师应签字证明移交的时间和位置，并保留一份接管文件。

八、审批承包单位的工程进度计划

为防止工程进度失控、加班加点和超负荷运转而引发人身伤害事故，承包单位在接到中标通知书之后，在合同条文规定的时间内应向安全监理工程师提交一份其格式和细节符合监理工程师规定的工程进度计划，并取得安全监理工程师的同意。如果安全监理工程师提出要求，承包单位还应提交一份有关承包单位完成工程而建议采用的施工安排和施工方法的总说明，以备安全监理工程师查阅。

（一）审批承包单位工程进度计划应注意的事项

1. 调查承包单位实现总进度计划的能力和不利因素

（1）了解承包单位进场的机具及技术装备情况，以及这些机具的实际工作性能、使用效率、配套状况。

（2）分析承包单位制订的计划是否考虑了如下因素：工程总进度计划与指定分包人或

其他分包人计划进度是否吻合，计划的施工便道是否可行，易受气候影响的工程是否选择了合理的时间；承包单位自身计划管理的实际能力；材料的准备是否合适；选择的料源是否可靠等。

（3）审查影响进度计划的关键路线和施工安排顺序，并对关键线路的合理性进行评价，对关键线路施工的工序安排进行研究。

（4）审查承包单位的计划是否对清理与掘除工作留有足够的时间，其计划安排与建设单位提供现场的时间是否协调。

2. 落实建设单位对实现工程进度计划的不利因素

（1）落实建设单位提供现场的时间和段落，分析能否和承包单位进度计划中反映的施工段落相配合。

（2）安全监理工程师应了解建设单位在施工现场雇用其他分包单位，分析其是否可能对工程进度计划的实现产生障碍。

（二）同意或要求承包单位修订进度计划

安全监理工程师落实了上述对计划有关的条件和因素并经过评价后，如确认承包单位为完成工程而提供的工程进度计划是合理且切实可行的，则应在合理的时间内统一其进度计划。

如果安全监理工程师经过认真地分析和了解，认为承包单位的工程进度计划与其本身实际的技术装备能力不相适应，尤其是计划中的关键路线和动员阶段的计划不可靠或者非有效时，可以要求承包单位对工程进度计划做必要的修改，并重新拟订一份工程进度计划并取得安全监理工程师的同意。

九、审查承包单位的自检系统

虽然安全监理是对施工的全过程进行安全监督和管理，但作为安全监理人员，不可能对每一工程或分项工程的每一部分进行全面的监控，只是在有怀疑和人为需要时进行部分抽检。因此，工程开工前应尽早督促承包单位进行安全教育，成立承包单位的安全自检系统，要求施工的每一道工序必须由承包单位按安全监理工程师规定的程序提供自检报告和报表。

承包单位的自检人员对保证安全施工起着重要作用。因此，要求承包单位的自检人员要有良好全面的安全知识和职业道德。安全监理人员必须在工程实施过程中，随时对承包单位自检人员的工作进行抽验，掌握安全情况，检查自检人员的工作质量。

十、承包单位的安全设施和设备在进入现场前（如吊篮、漏电开关、安全网等）的检验

安全监理工程师在安全设施未进场前，应详细了解承包单位的安全设施供应情况，避免不符合要求的安全设施进入施工现场，造成工伤事故。在安全设施未进入施工现场前可按下列步骤进行监督：

（一）承包单位应提供外购安全设施的产地和厂家以及出厂合格证书，供安全监督人员审查。

（二）安全监督人员可在施工初期根据需要对安全设施取样试验，提供安全设施的有关图纸与设计计算等资料，提供成品的技术性能及技术参数，以便安全监理工程师审查后确定该安全设施采用与否。

十一、检查承包单位进场施工机械

对承包单位运入施工现场的施工机械设备进行全面检查、记录。

（一）应对进场机械的数量、型号、规格、生产能力、完好率等认真检查和记录。

（二）当发现承包单位的进场机械和投标书填写不一致时，应查明原因，必要时要求承包单位补充。

（三）对施工机械的配套使用应做细致分析，以满足施工和安全要求。

（四）对承包单位直接用于网络计划中关键线路工程的机械设备的生产能力、效率、性能及周转情况，应进行特别细致的检验。

十二、安全监理设施的检查和验收

（一）首先要求承包单位中标后，在合同规定的时间内，提供有关安全监理设施和设备的配置与安装的详细说明，提供设备配置清单，以便审批。

（二）承包单位提供的设备清单与合同规定的规格、型号、数量应一致，如有不符，应由承包单位说明情况，如确实因为特殊情况无法满足合同的规定时，应由承包单位配备与合同规定型号相类似的设备。

（三）工程开工前按合同要求验收承包单位提供的并经监理工程师批准的设施、设备，包括设施的修建、设备安装调试，以及数量和标准符合要求的验收清单。

（四）若承包单位未能在合同规定的时间内向监理工程师提供规定的安全监理设施和设备，则安全监理工程师可以要求承包单位自费租赁有效的设施和设备。

十三、签发单项工程开工通知

（一）开工通知书

开工通知书是指现场开工所需的用地及各方面的准备工作已完成，符合开工条件，安全措施到位，由安全监理工程师发出允许承包单位开始施工的通知。开工通知书应在发出中标通知书以后按投标书附件中写明的期限内发出。这个期限也是对建设单位解决施工用地的制约，安全监理工程师应尽可能对建设单位施加影响，使开工通知书能早日发出。承包单位接到通知书后，在期限内开工，直至按规定工期完成工程。

（二）开工条件

每项工程开工前均有承包单位填写报表，安全监理工程师在批准报告时，应审查承包单位的安全措施、单项工程进度计划是否得到批准、施工图纸是否已审批、施工设备和人员是否同时进入现场等。为了能使工程准时开工，并能在开工后继续顺利地施工，充分保护建设单位和承包单位的利益，减少风险损失，按照合同款开工必须具备下列条件：

1. 建设单位已提供开工时所需的现场及通往现场的通道，承包单位已接受并已履行了现场接管手续。

2. 工程进度计划已按期提交并已批准。

3. 开工时，安全监理工程师必备的设施及服务已提供。

4. 承包单位开工时所必需的施工设备、材料和主要人员已达现场，并处于安全状态。

5. 施工现场的安全设施已经到位。

如上述准备工作已基本完成，则可签发单项工程开工通知。

施工安全监理贯穿于各个现场作业和管理活动中，现场作业和管理活动直接影响施工安全。因此，监理工程师对施工过程的安全监理工作应着重体现在施工作业和管理活动中，对其进行全过程指导，全方位测绘。

第四节　施工现场安全监理工作

一、安全监理的内容

（一）安全设施监理。对安全用品、设备、设施进行抽检。

（二）安全技术监理。对施工中采用的安全技术进行监控。

（三）安全验收。对分项、分部工程的安全计划与安全措施进行严格的检查验收。

（四）安全咨询。对典型的安全问题进行必要的技术咨询与培训。

二、安全监理资料管理

（一）安全监理人员要认真学习安全规定，各分管安全监理人员要严格执行并要求施工单位执行内业资料编制方法。

（二）安全监理人员要经常督促施工单位做好安全监理资料管理工作，并要求做到外业与内业同步，必要时应停工补齐内业资料。

（三）设专人保管好所有图纸、设计及变更单、业务联系单等的有关资料，防止丢失。

（四）根据招标文件、安全监理合同、建设单位内业资料文件以及安全监理细则有关抽验规定的要求，做好内业资料的收集、整理、上报工作。

（五）现场安全监理人员不得接受或执行任何建设单位、设计单位、施工单位的任何涉及变更的口头传达或承诺。安全监理执行的依据是设计变更单、建设单位通知、业务联系单。

（六）任何一道工序若无任何一方的原始检验（批准），则其记录无效。

三、安全监理工程师督促承包单位进行自检并上报

为了使承包单位正确地履行合同，承包单位应做好自身的一切监督检验工作，安全监理工程师应批准承包单位有资格的代表，专职负责本工程的自检工作，并督促和协助承（分）包单位建立起相应的安全施工自检体系。

（一）在工程实施期间，安全监理工程师要求承包单位必须委派自己的施工监督人员，对安全和文明施工进行监督和检查。

（二）自检人员对工程的每一道工序直至每一环节都要进行安全检查，随时纠正不良操作方法，处理工作缺陷。

（三）承包单位自检人员的检查和检验应按安全监理工程师规定的安全监控程序进行，提供的数据和材料应该是真实的。

（四）安全监理工程师应对自检人员提供的书面材料和数据进行分析，必要时进行抽检或复查。

（五）安全监理工程师也可直接对自检人员提供的数据和书面材料进行认定，但这种材料必须可靠、完整，并经自检人员、安全监理工程师签字认可后，方可作为资料依据。

四、安全监理工作要求

（一）定期学习与交流

总监理工程师应组织安全监理人员研究设计文件、有关规定、规范、标准、安全监理合同、安全监理细则和及时传达建设单位的文件和会议精神等，建立起定期学习和交流制度。

（二）填写安全监理日记

1. 各专业组必须填写安全监理日记，记录每天安全监理工作及交接注意事项。
2. 安全总监理工程师每月检查各专业组的日记。
3. 各专业组在检查安全时，要注意文明生产，并将其纳入安全监理日记的内容中。

（三）填写安全监理月报

1. 各专业组每月在规定日期向安全总监理工程师提供安全监理月报，并由其审阅。
2. 资料组根据各组安全监理月报编写综合安全监理月报，经总监理工程师审查后，报建设单位或上级主管部门。

（四）记录和来往信函存档

1. 安全监理工作每周一次例会，由资料组负责记录整理。
2. 其他有关文件、设计及变更设计图纸、会议记录、安全监理联系单和信函，由有关人员处理后交资料组保存。
3. 检查表格，按不同专业组由有关人员签字、处理后交资料组存档。

五、施工现场安全生产内部管理要求

施工现场的安全生产管理均属施工企业的自主行为，多数施工企业在实施建设工程项目管理制度后，对安全生产更加重视，并在企业内部实施了各种强化管理措施，使安全生产逐步走向规范化、科学化，使施工中的各种风险点得到了控制，消除了事故隐患，实现了安全生产，同时也为企业赢得了信誉。但还有一些施工单位在实行了项目管理制度后，特别是当管理层和劳务层分流管理后，忽视了施工现场安全生产管理的统一性和必要性。少数单位不顾建设主管部门的有关规定，在施工中层层转分包，使管理失控。表现在现场安全防护设施不齐全，安全教育、安全交底不到位，职工违章现象严重，施工伤亡事故屡有发生，给国家、企业、职工的生命财产带来了很大的危害，同时，在社会上也产生了一些不安定的因素。

为改变安全生产上的被动局面，除了不断提高施工企业本身的内在管理素质和加强各级建设行政主管部门进行监督、管理、检查外，一个很重要的方面就是推行建设工程社会安全监理制。工程项目在施工中接受安全监理工程师的指导、服务、监督、咨询和检查。现场安全监理工程师将依照各种安全生产法规、规定、标准及监理合同要求督促、协调施工企业从管理方面着手，全面地在施工中执行各种规范，对可能发生的事故，采取预防措施，实现施工全过程的安全生产。

（一）安全生产责任制

1. 建立、健全企业和施工现场各级、各部门安全生产责任制，做到纵向到底，横向到边。制定安全生产责任制要结合国家有关规定进行。

2. 落实工程项目各项经济承包责任制中的安全指标和奖罚办法及安全保证措施。

3. 工程项目总分包之间必须签订具有双方同等权利、义务、责任和措施的安全生产协议书。

4. 安全生产责任制，要有针对性、可行性，责任要落实到人，并认真执行，强化实施。

（二）安全教育

1. 新进企业和施工现场的施工人员，必须先进行"三级"（企业、队或施工现场、班组）教育，并记录入卡，受教育者本人签名认可。

2. 职工变换工种时，要进行对新工种的安全技术教育，并记录入卡，受教育本人签名。

3. 加强对全体施工人员及节前节后的安全教育，并做好记录。

4. 布置学习各工种安全技术操作规程，并做好记录。

5. 进行定期和季节性的安全技术教育，并做好记录。

（三）施工组织设计

1. 所有建设工程开工前必须编制施工组织设计，在施工组织设计中必须针对工程特点、施工现场环境、施工方法、作业工况条件、使用的机具设备、临时用电、架设工具及各项安全防范设施等，制定确保安全施工和防止环境污染的技术措施。

2. 对于结构复杂、危险性大、特性较多的特殊工程（如大型吊装、高层和特殊脚手架、高层井架、拆除、支模、沉井、深坑、沉箱、地下连续墙、盾构推进工程、各种特殊架设作业等），必须编制单项安全技术方案，并要有设计依据，有计算，有详图，有文字要求。

3. 危险性大、高空作业多的建设工程，应单独编制季节性（主要指夏季、雨季、风季和冬季）施工安全措施。一般建设工程可在施工组织设计的安全技术措施中编制季节性施工安全措施。

4. 对于窨井、地下坑等有毒有害气体、液体可危害的作业场所，必须编制防毒专项安全措施。

5. 建设工程施工现场临时用电容量较大的工地，应按建设部《施工现场临时用电安全技术规范》要求（临时用电设备数大于等于 5 台或设备总容量大于等于 50 kW 时）编制临时用电施工组织设计。

6. 没有制定安全技术措施的建设工程和特殊工程不得开工。

7. 施工组织设计要经企业技术主管审定批准，企业技术主管部门盖章有效。

8. 工程施工必须按照批准的安全技术措施（方案）进行。在施工过程中确需对安全技术措施（方案）进行修改的，必须报经有关部门同意，不得擅自修改。

（四）安全员及特种作业人员名册

1. 施工现场安全员及特种作业人员要登记入册，特种作业人员包括：电工、焊工、架子工、人货两用电梯操作工、塔式起重机驾驶员、起重机驾驶员、设备提升机（井架、电梯、塔式起重机）驾驶员、搭拆工、起重挂钩指挥工、司炉工等，并将作业操作证复印件附在后面，作为安全检查资料附件。

2. 所有特种作业人员必须经专业考核培训考试后，持证上岗（架子工、井架搭拆工必须在指定地点培训，电工必须在指定地点复训），各种作业操作证的有效期为两年，两年后必须按时复审，不得超期使用。

3. 对施工现场的中小型机械操作工，企业可自行组织安全技术培训，经考试合格后持证上岗，操作证一年有效，一年后必须按时复审，不得超期使用。

（五）安全检查制度及要求

1. 必须建立企业安全生产检查制度。

2. 必须建立健全施工现场定期安全检查制度，做到有时间、有要求，明确重点检查的部位及危险岗位。

3. 企业（公司）安全检查应开出整改单，工地检查应有记录，对查出的隐患，应及时整改，做到定人、定时间、定措施。

4. 各级部门的检查资料要收集整理成册，整改完毕后应及时向检查单位汇报。

（六）施工班组上岗记录及活动记录

1. 班组每天上岗前必须做好上岗交底。其内容主要有：

（1）交代当天的作业环境，如邻近高压线、地下管线、附近建筑物、现场地基等。

（2）气候条件，如风、雨、雪、霜、雾、严寒、酷暑等。

（3）当天当班主要施工内容和各个环节的操作安全、质量技术要求、各工种及特殊工种的配合等。

2. 班组每天上岗必须做好上岗检查，主要检查上岗人员的劳动防护情况，现场每个岗位周围的作业环境是否安全无患，机械设备的安全保险装置是否完好有效，以及各类安全技术措施的落实情况等。

3. 班组每天上岗必须做好上岗记录。记录上班前上岗交底的主要内容，记录班组人员施工分工情况，记录上岗检查后存在的不安全因素和采取的相应措施，发生事故的预兆及违章情况。

4. 施工班组每周应按企业安全生产有关制度安排一次安全活动，其方法可利用上班前后的一小时进行，总结一周以来班组在施工中的安全生产先进事例及主要经验教训，针对不安全因素，提出改进措施，从中吸取经验教训，举一反三，做到生产安全，警钟长鸣。

（七）施工现场遵章守纪记录

施工现场应遵章守纪，严禁违章指挥和违章作业。凡违章者应按规章制度及时处理，并都记录在遵章守纪、违章处理登记表内，以备查考。

（八）因工伤亡事故处理及登记

1. 各施工现场都要按有关部门和企业要求建立因工伤亡事故登记档案，按调查分析规定，做好调查记录等事项。

2. 施工现场发生工伤事故必须按规定进行报告、组织抢救、保护好事故现场、防止事态扩大，及时对事故进行调查与处理。

3. 认真吸取教训，做到举一反三，坚决执行"三不放过"的预防措施。

（九）施工现场专项"四验收"

1. 脚手架搭设验收。

2. 龙门架与井架搭设验收。

3. 塔式起重机验收。

4. 人货两用电梯安装验收。

(十) 施工现场安全生产自查各类记录表

1. 脚手架检查记录表。

2. 龙门架与井架检查记录表。

3. 施工用电检查验收记录表。

4. 塔式起重机检查记录表。

5. "三宝""四口""临边"防护检查记录表。

6. 中小型机械检查记录表。

7. 防火安全检查记录机动或作业审批表。

(十一) 现场安全图

现场安全标志布置总平面图应清晰明了，并应随工程动态不断修正，图和现场必须对应相符。

(十二) 施工现场"五牌二图"

在施工现场主要进出口处，必须设置"五牌二图"，并应做到规格统一、位置合理、字迹端正、线条清晰、表示明确。

1. 五牌

(1) 建设、设计、施工单位及工地名称牌。

(2) 安全生产六大纪律牌。

(3) 防火须知牌。

(4) 安全生产无重大事故日计数牌。

(5) 工地主要管理人员名单及监督电话号码牌。

2. 二图

(1) 施工现场总平面布置图。

(2) 工程计划进度网络图。

(十三) 工程项目总分包安全生产管理

凡采用总分包方式从事土木工程、建筑安装施工等生产经营活动的，由总包单位全面负责安全生产管理工作，并在总分包合同中明确双方的责任，分包单位应对总包单位负责，并服从总包单位领导。总包单位不得向不具备安全生产条件的施工单位发包工程。

凡由建设单位自行发包给施工单位进行施工的，建设单位应负总包单位的责任，全面负责安全生产管理工作。

在签订工程合同的同时还必须签订总分包安全生产协议书，并进一步明确双方的权利、义务和责任，由总分包单位的法人代表或委托人签字，单位盖章后生效，送区（县）劳动局劳动保护监察科及有关部门各一份备案，双方各执两份，作为工程合同的附件，督促和约束双方实施。

（十四）施工现场场容场貌要求

1. 必须根据施工场地实际情况合理安排场内用地，并绘制"场地布置图"。设施、设备按"场地布置图"规定设置堆放，并随施工结构、阶段不同要求对场地布置进行调整。

2. 要保持施工现场道路畅通、平坦、整洁、不积水、不乱堆乱放、无散落物；高层建筑周围应浇筑散水坡；建筑垃圾应集中堆放，及时清理；对临近工地周围的居民应积极主动做好便民利民工作。

3. 各施工班组应做好"落手清"工作，即做到随作随清，物尽其用，工完料尽，落手清。在施工作业时，应有防止尘土飞扬、泥浆洒漏、污水外流、车辆沾带泥土运行等措施。

4. 大堆材料、砂石，应分类集中堆放成垛，边用边清理；砌体料归类成垛，堆放整齐，墙砖料随用随清；灰池砌筑符合标准，布局合理、安全、整洁，灰浆不外溢，渣不乱倒。

5. 施工设施、设备、大模、砖夹等周转设施应集中堆放整齐；钢模板、钢管和零配件应分类分规格集中存放；竹木杂物分类堆放，不散不乱。

6. 水泥库库容整洁无上漏下渗。袋装、散装水泥不混堆，分清标号，堆放整齐，目能成数，由专人管理。

7. 混凝土构件分类、分型、分规格堆放整齐；各类钢材、成型钢筋应分类集中堆放，做到整齐成线；各类木材业和制品必须有防雨、防火措施，并成行整齐堆放，不得超高。

8. 现场各种施工车辆停放合理、整齐。

9. 现场各类中小型施工机械应做到有机必有操作棚。

10. 市政施工必须做到"二通""三无""五必须"。"二通"是指：施工现场人行道畅通；工地沿线单位和居民出入通道畅通。"三无"是指：无管线事故；无重大伤亡事故；施工现场和周围道路平整无积水。"五必须"是指：施工区域与非施工区域必须严格分离；施工现场必须做到挂牌施工和管理人员配卡上岗；工地现场施工材料必须堆放整齐；工地生活设备必须清洁文明；工地现场必须开展以创建文明工地为主要内容的思想政治工作。

第六章　建筑工程绿色监理技术方法与实务

绿色监理本身具有较强的专业性，如果没有一定的专业技术方法作为基础，是无法较好地完成绿色监理目标。技术方法不仅仅指专业技术，更重要的是适合技术方法的执行路线或执行程序，只有在适合技术方法的执行路线的指导下，绿色监理的专业技术才能更好地发挥效益，取得较好的监理效果，才能更好地维护业主、承包商的利益。

第一节　建筑工程绿色监理的技术手段

一、建筑工程绿色监理概述

（一）勘察设计阶段绿色监理技术方法概述

建筑工程绿色监理单位可以根据监理合同约定的相关服务范围，开展相关服务工作。根据我国目前的工程建设体制，监理单位一般在施工图完成之后、招标之前介入工程，但是如果监理合同有约定，监理也可以开展勘察设计阶段或运营阶段的监理服务。

1. 围绕"四节一环保"的要求，对涉及绿色设计的相关要求和内容，参与协助建设单位编制工程勘察设计任务书，选择工程勘察设计单位，并协助签订工程勘察设计合同。

2. 围绕"四节一环保"的要求，对涉及绿色设计的相关要求和内容，参与协调工程勘察设计与施工单位之间的关系，保障工程正常进行。

3. 围绕"四节一环保"的要求，对涉及绿色设计的相关要求和内容，参与审查设计单位提交的设计成果，并参与编制评估报告，重点是对绿色设计的意见和落实"四节一环保"的设计措施的内容。

4. 围绕"四节一环保"的要求，参与审查设计单位提出的新材料、新工艺、新技术、新设备，检查其通过相关部门评审备案的情况，必要时应协助建设单位组织专家评审。

5. 围绕"四节一环保"的要求，参与并协助建设单位组织专家对设计成果进行评审，重点关注"绿色设计"的落实措施情况。

（二）施工准备阶段绿色监理技术方法概述

施工准备阶段的绿色监理工作，是绿色监理工作开展的重要环节，对其能否有效开展事前监理、主动监理起着重要作用。首先，绿色监理工程师踏勘现场、审核施工图，弥补其存在的绿色建筑缺陷，从源头避免绿色监理被动局面的产生，提高绿色监理的主动性，减少事后监理出现的可能性；其次，参与业主的招投标，选择绿色建筑业绩好、绿色施工管理经验丰富的施工单位，从绿色施工的具体实施操作层面上保证绿色监理过程的顺利开展；最后，在施工承包合同书中增加一些绿色施工的具体性条款，增加绿色监理工作的可操作性，提高绿色监理的实施效果。

施工准备阶段绿色监理的工作重点，主要包括：

1. 检查施工单位是否建立了绿色施工管理体系并制定了相应的管理制度与目标，是否落实了绿色施工责任制并配备了专职绿色施工管理人员，还应督促施工单位检查各分包单位的绿色施工规章制度的建立情况。

2. 审查施工单位资质和与绿色施工有关的生产许可证是否合法有效，审查项目经理和专职绿色施工管理人员是否具备合法资格，是否与投标文件相一致，审核特种作业人员的特种作业操作资格证书是否合法有效。

3. 审查施工单位在施工组织设计中是否编订了独立成章的绿色施工方案，施工的内容是否符合相关规定和标准规范的要求，审核施工单位绿色施工应急救援预案和绿色施工费用使用计划，等等。

（三）施工阶段绿色监理技术方法概述

施工阶段的绿色监理工作，需要积极进行事前、事中监理，避免事后监理。绿色监理要在各分部分项工程开工前，严格审核承包商制订的绿色施工方案和措施，完善其不足；在绿色监理方案的落实过程中加强监督，增强绿色监理的实施效果。

就施工阶段绿色监理的工作重点而言，主要包括：

1. 制定绿色施工监理控制节点评价内容和标准。

2. 监督施工单位按照施工组织设计中的绿色施工技术措施和专项施工方案组织施工，及时制止违规施工作业。

3. 在施工过程实施动态管理，定期巡视，检查节水、节能、节地、节材与环境保护措施。

4. 核查施工现场主要施工设备是否符合绿色施工的要求。

5. 检查施工现场各种施工标志和绿色施工防护措施是否符合强制性标准要求。

6. 督促施工单位制定施工防尘、防毒、防辐射等职业危害的措施，督促施工单位在施工现场建立卫生急救保健防疫制度，在安全事故及疾病疫情出现时提供及时救助。

7. 督促施工单位结合工程项目的特点，有针对性地对绿色施工做相应的宣传，通过宣传营造绿色施工的范围。

8. 督促施工单位定期对职工进行绿色施工知识的培训，增强绿色施工意识。

9. 督促施工单位提供卫生、健康的工作与生活环境，加强对施工人员的住宿、膳食、饮用水等生活与环境卫生等的管理，明显改善施工人员的生活条件。

二、建筑工程绿色监理的现场管理手段

现场管理是绿色监理的重要环节，是绿色监理实施监理措施的重要途径。绿色监理的现场管理手段要科学合理，各手段之间相互配合，保证绿色监理措施得到有效的落实，使施工期绿色管理的目标得以完成。

（一）督促建立绿色施工管理体系

项目绿色监理机构要审核承包商现场的绿色施工质量管理体系、绿色施工技术管理体系和质量保证体系。施工单位首先要进行自检，并填写自检记录，然后由项目绿色监理工程师进行检查，并做出检查结论。项目绿色监理机构重点审核以下内容：①项目的绿色施工管理目标；②项目绿色施工质量管理、绿色施工技术管理和质量保证的组织机构；③项目绿色施工质量管理的制度；④项目绿色施工人员的资格；等等。

（二）审核绿色设计技术文件

《建筑工程绿色施工规范》中，要求设计单位应按国家现行有关标准和建设单位的要求进行工程绿色设计，应协助、支持、配合施工单位做好建筑工程绿色施工的有关设计工作。

1. 参与设计交底和图纸会审

项目绿色监理机构应熟悉建筑节能评估文件、民用建筑节能审查意见书、绿色建筑施工图设计文件审查报告等有关技术文件，并对绿色建筑项目节能设计文件与上述技术文件的符合性进行认真审核。同时，项目绿色监理人员还应参加设计交底和图纸会审工作。设计交底是指在施工图完成并经审查合格后，设计单位在设计文件交付施工时，按法律规定的义务就施工图设计文件向施工单位和监理单位做出详细说明。其目的是对施工单位和监理单位正确说明设计意图，使其加深对设计文件的特点、难点、疑点的理解，掌握关键工程部位的质量要求，确保工程质量。图纸会审是指承担施工阶段监理的监理单位组织施工单位和建设单位以及材料与设备供货等相关单位，在收到审查合格的施工图设计文件后，在设计交底前进行的全面细致地熟悉和审查施工图纸的活动。其目的：一是使施工单位和各参建单位熟悉设计图纸，了解工程特点和设计意图，找出需要解决的技术难题，并制订解决方案；二是解决图纸中存在的问题，减少图纸的差错，将图纸中的质量隐患消灭在萌芽之中。

项目绿色监理工程师要重点熟悉建筑节能工程设计文件，理解其设计意图和重点、难点，掌握其关键部位的质量控制点；并认真审核与解决图纸中存在的问题，有可能的话应从绿化建筑的角度提出更好的优化方案。

2. 审查控制绿色设计变更

对建设项目而言，施工图文件均会出现由于建设单位要求或现场施工条件的变化或国家政策法规的改变等原因而引起的设计变更。设计变更可能由设计单位提出，也可能由建设单位提出，还可能由承包单位提出，不论谁提出都必须征得建设单位的同意并且办理书面变更手续，凡涉及施工图审查内容的设计变更还必须报请原图审查机构审查后再批准实施。

项目监理机构要严格审查建筑节能设计变更内容，绿色监理工程师及专业监理工程师要分别结合专业特点进行认真审核，并注意以下四点：

（1）当设计变更涉及降低绿色建筑等级时，应审查绿色建筑原施工图审查机构审查意见、原绿色建筑等级评审机构审查意见。

（2）应随时掌握政策法规、规范标准、技术规程的变化，以及有关材料或产品的淘汰或禁用，尤其是有关建筑节能、绿色建筑等，并及时共享，降低产生设计变更的潜在因素。

（3）对建设单位和承包单位提出的设计变更要求进行统筹考虑，确定其必要性，同时，将设计变更的影响分析清楚并通报给建设单位，以尽量减少对工程的不利影响。

（4）严格控制设计变更的签批手续，以明确责任，减少索赔。

另外，若能在设计阶段介入，绿色监理机构应加强对设计阶段的质量控制，特别是项目绿色监理工程师应根据自己的经验对施工图设计文件进行审核，围绕"四节一环保"，从源头上针对项目特点提出具有针对性的建议和方案，做到事前控制，力争将矛盾和差错解决在出图之前。

（三）强化旁站、巡视等现场监督活动

项目监理人员应监督施工单位按照审查合格的绿色建筑设计文件、审批同意的绿色建筑工程专项施工方案，以及国家和地方现行法律法规、政策性文件、工程建设标准组织施工。

1. 旁站

所谓旁站，是指项目监理机构对工程的关键部位或关键工序的施工质量进行全过程的监督活动。在施工阶段，很多工程的质量问题是由于现场施工或操作不当或不符合规程、

标准所致，有些施工操作不符合要求的工程，虽然表面看似乎影响不大，或外表面上看不出来，但却存在着潜在的质量隐患。只有通过现场监理人员的旁站监督和检查，才能发现问题，并得到控制。

项目监理人员应根据所监理的绿色建筑工程特点，在监理旁站方案中确定旁站的关键部位、关键工序，并应按监理旁站方案进行旁站，及时记录旁站情况。

2. 巡视

所谓巡视，是指监理人员在施工现场进行的定期或不定期的监督检查活动。巡视是一种"面"上的活动，它不限于某一部位或过程，而旁站则是"点"的活动，它是针对某一部位或工序。因此，施工过程中项目监理人员必须加强对现场巡视、旁站的监督，及时发现违章操作和不按设计要求、不按施工图纸或施工规范、规程或质量标准施工的现象，对不符合质量要求的要及时进行纠正和严格控制。

（四）积极开展现场检查

1. 检查绿色建筑的"四节一环保"所采取的技术措施

项目监理人员应检查绿色建筑的"四节一环保"所采取的技术措施落实情况，并做好检查记录。其主要检查内容为：

（1）节地与室外环境的土地利用、室外环境、交通设施与公共服务、场地设计与场地生态等方面所采取的技术措施的落实情况。

（2）节能与能源利用的建筑与围护结构、供暖通风与空调、照明与电气、能源综合利用等方面所采取的技术措施落实情况。

（3）节水与水资源利用的节水系统、节水器具与设备、非传统水源利用等方面所采取的技术措施落实情况。

（4）节材与材料资源利用的材料节约和利用等方面所采取的技术措施落实情况。

（5）室内环境的声环境、光环境与视野、热湿环境、空气质量等方面所采取的技术措施落实情况。

对不符合绿色建筑设计文件和有关工程建设标准要求的，应采用监理通知单等形式书面告知施工单位，并按《建设工程监理规范》的规定程序进行控制。

2. 检查绿色施工的"四节一环保"所采取的技术措施

项目监理人员应检查绿色施工的"四节一环保"所采取的技术措施落实情况，并做好检查记录。其主要检查内容为：

（1）施工管理体系和组织机构建立情况，环境保护计划、职业健康安全管理计划制订情况。

（2）在环境保护的资源保护、人员健康、扬尘控制、废气排放控制、建筑垃圾处置、污水排放、光污染、噪声控制等方面所采取的技术措施落实情况。

（3）在节材与材料资源利用的材料选择、材料节约、资源再生利用等方面所采取的技术措施落实情况。

（4）在节水与水资源利用的节约用水、水资源利用等方面所采取的技术措施落实情况。

（5）在节能与能源利用的临时用电设施、机械设备、临时设施、材料运输与施工等方面所采取的技术措施落实情况。

（6）在节地与土地资源保护的节约用地、保护用地等方面所采取的技术措施落实情况。

（五）指令性文件

所谓指令性文件，是监理工程师对施工承包单位提出指示或命令的书面文件，属于要求强制执行的文件。指令性文件是监理工程师运用指令控制权的形式，不但是一种常用的监理方法，而且是监理人员对工程施工实施控制和管理的不可缺少的手段。

一般情况下，监理工程师从全局利益和目标出发，在对某项施工作业或管理问题，经过充分调研、沟通和决策之后，要求承包人严格按照他的意图和主张实施工作。对此，承包人负有全面正确执行指令的责任，监理工程师负有监督指令实施效果的责任，因此，它是一种非常慎用而严肃的管理手段。监理工程师的各项指令都应是书面或者有文字记录方为有效，并作为技术文件资料存档，如果因时间紧迫，来不及做出正式的书面指令，也可以用口头指令的方法下达给承包单位，但随即应按合同规定，及时补充书面文件以对口头的指令予以确认。

指令性文件一般均以监理工程师通知的方式下达。项目绿色监理工程师在旁站、巡视等现场监督和检查过程中，发现承包商有违反绿色建筑"四节一环保"技术措施的，或者绿色施工行为有违反"四节一环保"技术措施的，可要求承包商立即进行整改，并通过监理通知单对整改内容、整改要求等做出具体要求。另外，指令性文件还包括一般管理文书，如监理工程师函、备忘录、会议纪要、发布的有关信息、通报等，主要是对承包商工作状态和行为，提出建议、希望和劝阻。不属于强制性的执行要求，仅供承包人自主决策参考。

（六）绿色监理工作例会

项目监理机构应定期召开监理例会，组织有关单位研究解决工程建设相关问题。项目监理机构可根据工程需要，主持或参加专题会议，协调解决专项工程问题。监理例会、专题会议的会议纪要由项目监理机构负责整理，与会各方派代表会签，会议纪要应发放到有关各方，并有签收手续。

参加监理例会的应包含下列人员：①总监理工程师和有关监理人员；②施工单位的项目经理、技术负责人及有关专业负责人员；③建设单位代表；④根据会议议题的需要可邀请勘察单位、设计单位、分包单位及其他单位的有关人员参加。

监理例会应包括以下主要内容：①检查上次例会议定事项的落实情况，分析未完事项原因；②检查、分析工程项目进度计划完成情况，提出下一阶段进度目标及其落实措施；③检查、分析工程项目质量状况，针对存在的质量问题提出改进措施；④检查安全生产文明施工的实施情况，针对安全隐患和文明施工存在的问题提出整改意见；⑤检查工程量核定及工程款支付情况；⑥解决需要协调的有关事项；⑦提出下一步工作计划；⑧商讨其他有关事宜。

项目绿色监理机构可在例行的工程监理例会上，增加有关"绿色管理"的专项内容，协调解决项目建设中的绿色管理问题。围绕"四节一环保"增加相应的内容：①检查、分析工程项目落实"四节一环保"的状况，针对存在的问题提出改进措施；②围绕"四节一环保"解决需要协调的有关事项；③提出下一步绿色管理及施工的计划。

三、建筑工程绿色监理的技术手段

绿色监理的技术手段是绿色监理工作正确开展的指南，能够使绿色监理工作更加科学、高效。因此，绿色监理要积极运用可利用的新技术，促进承包商绿色施工行为的实施。绿色监理的技术手段包括编制技术文件和实施技术检测。

（一）编制技术文件

1. 编制绿色监理规划

（1）监理规划

所谓监理规划，是项目监理机构全面开展建设工程监理工作的指导性文件，是在项目总监理工程师和项目监理机构充分分析和研究建设工程的目标、技术、管理、环境，以及参与工程建设的各方等方面的情况后制订的。监理规划若要真正起到指导项目监理机构进行监理工作的作用，就应当明确具体的、符合该工程要求的工作内容、工作方法、监理措施、工作程序和工作制度，并应具有可操作性。

项目监理机构应在签订建设工程监理合同及收到工程设计文件后编制监理规划，在召开第一次工地会议前报送建设单位。监理规划应在总监理工程师主持下，组织专业监理工程师编制，报监理单位技术负责人批准，经建设单位项目负责人确认后实施。

（2）绿色监理规划的主要内容

实施绿色监理时，项目监理机构应先编写绿色建筑监理规划，指导项目监理部在绿色建筑工程中的监理工作。绿色建筑监理规划或监理规划专篇应包括以下主要内容：

①绿色建筑监理的目标与依据；

②绿色建筑监理的范围和内容；

③绿色建筑监理工作的制度与程序；

④绿色监理人员的配备计划及职责；

⑤绿色建筑监理的重点及措施，具体包含节能、节地、节水、节材、保护环境和减少污染等方面的监理控制措施和内容。

2. 编制绿色监理实施细则

（1）监理实施细则

所谓监理实施细则，简称监理细则，是针对某一专业或某一方面建设工程监理工作的操作性文件，是在监理规划的基础上，由项目监理机构的专业监理工程师针对建设工程中某一专业或某一方面的建设工作编写，并经总监理工程师批准实施的操作性文件。

（2）绿色监理实施细则的主要内容

实施绿色监理时，项目监理机构应先编制绿色监理实施细则。绿色监理实施细则应符合监理规划的要求，应补充说明绿色监理规划中未详细说明的内容，并针对项目特点，对绿色建筑监理的重点和难点提出具体的监督方法及措施，且应具有可操作性。绿色监理实施细则应包括以下内容：

①项目绿色建筑的特点，尤其是各专业工程"四节一环保"的特点；

②绿色建筑监理的工作流程；

③绿色建筑监理工作控制要点及目标值；

④绿色建筑监理的工作方法和措施；

⑤对绿色建筑和绿色施工所采取的技术措施的检查方案。

（3）绿色监理实施细则编制和审批

项目绿色监理机构结合绿色建筑项目的特点，在绿色建筑施工开始前由专业监理工程师或绿色监理工程师组织编制绿色建筑工程专项监理实施细则，报总监理工程师审批。

3. 指导编制、审查绿色施工方案

（1）绿色施工

所谓绿色施工，是指工程建设中，在保证质量、安全等基本要求的前提下，通过科学管理和技术进步，最大限度地节约资源与减少对环境负面影响的施工活动，实现"四节一环保"（节能、节地、节水、节材和环境保护）。

绿色施工方案，是绿色建筑实体形成的起点，施工阶段各过程的控制要点和方案均形成于此。方案中应确保有施工过程绿色化和竣工建筑实体绿色化的相关内容的阐述。

（2）绿色施工方案的主要内容

《绿色建筑评价标准》的"施工管理"中，"控制项"要求施工项目部应制订全过程的环境保护计划，应制订施工人员职业健康安全管理计划；在"评分项"中，要求制订并实施施工废弃物减量化、资源化计划，施工节能和用能方案，施工节水和用水方案；等等。

针对施工单位编制的绿色施工方案，项目监理机构应重点审查绿色建筑工程专项施工方案的以下内容：

①项目概况综述。主要包括工程地点、工程特点（包含土石方与地基工程、基础及主体结构工程、建筑装饰装修工程、建筑保温及防水工程、机电安装工程、拆除工程）、施工环境、工程参建单位等。

②绿色施工方案的编制依据。

③绿色建筑建设目标、施工目标。

④项目绿色施工管理组织机构及职责。

⑤绿色建筑技术措施。应包括节地与室外环境、节能与能源利用、节水与水资源利用、节材与材料资源利用、室内环境五个方面所采用的技术措施。

⑥绿色施工技术措施。应包括施工管理、节地与土地资源保护、节能与能源利用、节水与水资源利用、节材与材料资源利用、环境保护六个方面所采用的技术措施。

⑦绿色建筑、绿色施工的资料管理等。

施工单位编制的绿色施工组织设计、绿色施工方案或绿色施工专项方案应符合下列规定：

应考虑施工现场的自然与人文环境特点。

应有减少资源浪费和环境污染的措施。

应明确绿色施工组织管理体系、技术要求和措施。

应选用先进的产品、技术、装备、施工工艺和方法，利用规划区域内设施。

应包含改善作业条件、降低劳动强度、节约人力资源等内容。

（3）绿色施工方案的编制和审批

项目实施绿色施工，项目绿色施工管理机构应在编制施工组织设计时将绿色施工的内容单独成章编写，或者单独编制绿色施工方案。

项目监理机构应审查施工单位报审的绿色建筑工程专项施工方案，并签署审查意见。符合要求的应由总监理工程师签字后报建设单位。项目监理机构应要求施工单位按照已批准的绿色建筑工程专项施工方案施工。绿色建筑工程专项施工方案需要调整的，项目监理机构应按规定程序重新审查。

4. 编制绿色监理月报

所谓监理月报，是指项目监理机构每月向建设单位提交的建设工程监理工作及建设工程实施情况分析总结报告。监理月报的具体内容主要有：

（1）本月工程实施概况，包括：①工程进展情况，实际进度与计划进度的比较，施工单位人、机、料进场及使用情况；②工程质量情况，分项分部工程验收情况，材料、构配件、设备进场检验情况，主要施工试验情况，本期工程质量分析；③施工单位安全生产管理工作评述；④已完成工程量与已付工程款的统计及说明。

（2）本月监理工作情况，包括：①工程进度控制、质量控制、安全监理方面的工作情况；②工程计量与工程款支付方面的工作情况；③合同其他事项的管理工作情况；④监理工作统计。

（3）本月工程实施的主要问题分析及处理情况，包括：①工程进度控制、质量控制、安全生产管理等方面的主要问题分析及处理情况；②工程计量与工程款支付方面的主要问题分析及处理情况；③合同其他事项管理方面的主要问题分析及处理情况。

（4）下月监理工作的重点，包括：①在工程管理方面的监理工作重点；②在项目监理机构内部管理方面的工作重点；③有关工程的建议。

（5）工程相关照片，包括：①本期施工部位的工程照片；②本期监理工作照片。

项目绿色监理机构应每月总结施工现场开展绿色施工的情况，并写入监理月报，向建设单位报告；或者针对施工项目部的绿色施工状况和对监理指令的执行情况，总监理工程师认为有必要的，可单独编制绿色施工监理专题报告，报送建设单位。

绿色监理月报主要包括当月绿色施工、绿色监理实施情况及相关照片，以及存在的问题及处理情况，下月绿色监理工作重点及有关建议。

5. 编制绿色监理总结

绿色监理工作总结应经总监理工程师签字后报监理单位。绿色监理总结应包括下列主要内容：①工程概况；②项目绿色监理机构情况；③建设工程监理合同（绿色监理条款）履行情况；④绿色监理工作成效；⑤绿色监理工作中发现的问题及处理情况；⑥建议和说明。

（二）实施技术检测

1. 材料进场检测

项目监理机构指导施工单位编制材料计划，促进材料的合理使用，要求施工单位优化施工方案，尽可能选用绿色、环保材料，即绿色建材。绿色建材是指在全生命期内能减少对自然资源消耗和生态环境影响的，具有"节能、减排、安全、便利和可循环"特征的建材产品。

监理工程师（绿色监理工程师、工程监理工程师）应该核查施工单位报送的用于工程的材料、设备、构配件的质量证明文件，并按照有关规定和监理合同约定对用于工程的材料进行抽样复验及见证取样送检，材料、构配件、设备应符合绿色建筑设计文件的要求和绿色建筑相关建设标准的规定。

对未经监理人员验收或验收不合格的工程材料、设备、构配件，监理人员不得签署合格意见，同时应签发监理通知，书面通知施工单位在限期内将不合格的工程材料、设备、构配件撤出现场，已用于工程的应予以处理，并做好相关的记录。

2. 平行检验

所谓平行检验，是监理工程师利用一定的检查或监测手段在承包单位自检的基础上，按照一定的比例独立进行检查或检测的活动。它是监理工程师进行质量控制的一种重要手段，在技术复核及复验工作中采用，是监理工程师对施工质量进行验收，做出自己独立判断的重要依据之一。

项目监理机构应根据工程特点、专业要求以及建设工程监理合同约定，按《建设工程监理规范》等相关标准的规定，对绿色建筑工程的施工质量进行平行检验。尤其是对于与项目绿色建筑品质紧密相关的建筑节能工程，项目绿色监理机构更要对其质量进行平行检测。

3. 实体功能检验

对于与绿色建筑品质或星级等级紧密相关的实体工程，项目绿色监理机构应要求施工单位进行实体功能检验，并在施工单位自检的基础上，进行抽验。实体功能检验项目主要包括墙体节能工程、门窗节能工程、系统节能功能三方面。

第二节　建筑工程绿色监理实务

一、建筑工程绿色设计监理实务

（一）建筑工程绿色设计监理控制要点概述

建筑工程设计阶段的绿色监理工作中，首先应将与该建筑工程相关的绿色建筑评价指标进行分解，将作为必需的指标的控制项，要求必须达到；将参与打分的指标一般项和优选项，按照申报等级（一星级、二星级、三星级）所要求的指标值进行控制，把确定的指标纳入设计任务书，作为建筑工程项目绿色设计要求，绿色监理应审核任务书中有关绿色建筑各项指标的全面性、完整性和适宜性。整理确定后的指标既是设计工作的依据，也是审核设计成果的依据。

1. 设计前期阶段

监理应协助业主审核场址检测报告和相应文件，以确定选址无洪涝灾害、泥石流及含氮土壤的威胁，以及在建筑场地安全范围内无电磁辐射危害和火、爆、有毒物质等危险源；同时，应审核环境影响评价报告，确定环境噪声等在要求范围内。

2. 规划设计阶段

监理应审核场地地形图和相关文件，以确定场地建筑不破坏文物、自然水系、湿地、基本农田、森林和其他保护区；要审核规划设计文件，确保用地标准在要求范围内，日照、采光、通风达到要求，确保绿地指标符合相关要求，确保场地内无排放超标的污染源；要核查场地设施配套，核查对尚可使用旧建筑的充分利用，核查场地交通的合理组织及对公共交通的充分利用；核查绿化对非传统水源的利用；核查地表及屋面雨水径流途径，是否采用增加雨水渗透措施；核查绿化、洗车对非传统水源的利用。

3. 建筑单体设计阶段

要审查设计文件，要核查建筑是否利用场地自然条件进行合理设计，确保建筑节能设计符合或超过国家及地方现行设计标准的规定值。要核查日照、采光、通风、隔声、热工程指标，要核查对可再循环材料的充分应用。要核查结构选型是否合理，是否采用高性能材料。要核查暖通空调设计是否选用效率高的用能设备，能效比指标是否符合要求，是否充分利用当地可再生能源及空调系统的可控制性。要核查电气设计是否采用高效光源、高效灯具、低损耗附件，与自然采光较好的结合。要核查给排水设计是否综合利用各种水资源和充分利用非传统水源，确保不对人体健康与环境产生不良影响，确保采用节水器具。

(二) 节地与室外环境控制指标及监理要点

1. 节地与室外环境控制项

（1）项目选址应符合所在地城乡规划，且应符合各类保护区、文物古迹保护的建设控制要求。

（2）场地内应无洪涝、滑坡、泥石流等自然灾害的威胁，无危险化学品、易燃易爆危险源的威胁，无电磁辐射、含氮土壤危害。

（3）场地内不应有排放超标的污染源。

（4）建筑规划布局应满足日照标准，且不得降低周边建筑的日照标准。

2. 节地与室外环境控制项监理要点

（1）工程项目位置、场区布置应符合建设用地规划许可证、建设工程规划许可证、建设工程施工许可证、规划设计图纸和施工图设计文件的要求。

（2）建筑场地应无洪涝、滑坡、泥石流等自然灾害的威胁，无危险化学品、易燃易爆危险源，无电磁辐射、含氮土壤等危害。

（3）建筑场地内应无排放超标的污染源。

（4）建筑布局应符合日照模拟分析报告、规划设计图纸、施工图设计文件的要求和有关日照标准的规定，且不得降低周边建筑的日照标准。

3. 土地利用监理要点

（1）居住建筑的人均居住用地指标、人均公共绿地面积和绿地率、公共建筑的容积率、绿地率等指标应符合规划设计图纸、施工图设计文件的要求。

（2）居住建筑和公共建筑的地下建筑面积与地上建筑面积比率应符合施工图设计文件的要求。

4. 室外环境监理要点

（1）玻璃幕墙可见光反射比应符合环境影响评估报告、玻璃幕墙设计文件的要求。

（2）室外夜景照明应符合环境影响评估报告、室外景观照明设计文件的要求和现行行业标准《城市夜景照明设计规范》的规定。

（3）场地内环境噪声应符合环境影响评估报告、施工图设计文件的要求和现行国家标准《声环境质量标准》的规定。

（4）场地内风环境应符合规划设计图纸、环境影响评估报告、室外风环境模拟报告的要求和现行国家、地方相关标准的规定。

（5）场地应按场地绿化设计图纸、施工图设计文件、第三方热岛模拟分析报告的要求，采取措施降低热岛强度。

5. 交通设施与公共服务监理要点

（1）场地与公共交通设施的联系，应符合场地交通站点分析图和施工图设计文件的要求。

（2）场地内人行通道的无障碍设施，应符合场地平面布置图、施工图设计文件的要求和现行国家、地方相关标准的规定。

（3）场地自行车、机动车的停车场所设置，应符合场地平面布置图、施工图设计文件的要求和现行国家、地方相关标准的规定。

（4）场地幼儿园、学校、商业等公共服务设施，应符合场地平面布置图、施工图设计文件的要求和现行国家、地方相关标准的规定。

6. 场地设计与场地生态监理要点

（1）场地内原有自然水域、湿地和植被的保护措施及采取表层土利用的生态补偿措施，应符合场地平面布置图、施工图设计文件的要求。

（2）场地的绿色雨水基础设施，应符合场地平面布置图、场地雨水设计图、场地铺装设计图的要求。

（3）场地的地表雨水径流、屋面雨水径流，应符合场地雨水设计图的要求，并应按设计要求对场地雨水实施外排总量控制。

（4）场地的绿化方式、绿化植物配置，应符合场地平面布置图、场地绿化设计图、景观植物种植设计图及苗木配置表的要求。

（三）节能与能源利用控制指标及监理要点

1. 节能与能源利用控制项

（1）建筑设计应符合国家现行有关建筑节能设计标准中强制性条文的规定。

（2）不应采用电直接加热设备作为供暖空调系统的供暖热源和空气加湿热源。

（3）冷热源、输配系统和照明等各部分能耗应进行独立分项计量。

（4）各房间或场所的照明功率密度值不应高于现行国家标准《建筑照明设计标准》规定的现行值。

2. 节能与能源利用控制项监理要点

（1）建筑节能工程施工质量，应符合施工图设计文件、建筑节能计算书、建筑节能工程专项审查意见的要求和国家、地方现行有关建筑节能标准中强制性条文的规定。

（2）采暖空调系统的供暖热源和空气加湿热源，应符合施工图设计文件的要求，且不应采用电直接加热设备。

（3）冷热源、输配系统和照明等各分部能耗计量装置的设置，应符合施工图设计文件的要求，且应独立分项计量。

（4）各房间或场所的照明功率密度值，应符合施工图设计文件的要求和现行国家标准《建筑照明设计标准》的规定。

3. 建筑与围护结构监理要点

（1）建筑体型、朝向、楼距、窗墙比，应符合施工图设计文件、场地平面布置图的要求和现行国家、地方相关标准的规定。

（2）建筑外窗、玻璃幕墙透明部分的可开启面积比例，应符合施工图设计文件、幕墙设计图的要求和现行国家、地方相关标准的规定。

（3）建筑围护结构热工性能指标，应符合施工图设计文件的要求和现行国家、地方相关标准的规定。

4. 供暖、通风与空调监理要点

（1）供暖空调系统的冷、热源机组能效等级，应符合采暖空调节能设计文件的要求和现行国家标准《公共建筑节能设计标准》的规定。

（2）集中供暖系统热水循环泵的耗电输热比和通风空调系统风机的单位风量能耗功率，应符合采暖空调节能设计文件的要求和现行国家标准《公共建筑节能设计标准》的规定。空调冷热水系统循环水泵的耗电输冷（热）比应符合采暖空调节能设计文件的要求和现行国家标准《民用建筑供暖通风与空气调节设计规范》的规定。

（3）供暖、通风与空调系统能耗，应符合采暖空调节能设计文件的要求。

（4）降低过渡季节供暖、通风与空调系统能耗所采取的技术措施，应符合采暖空调节能设计文件的要求。

（5）降低部分负荷、部分空间使用下的供暖、通风与空调系统能耗采取的技术措施，应符合采暖空调节能设计文件的要求。

5. 照明与电气监理要点

（1）走廊、楼梯间、门厅、大堂、大空间、地下停车场等场所的照明系统，应按配电与照明节能设计文件的要求，采取分区、定时、感应等节能控制措施。

（2）照明功率密度值，应符合配电与照明节能设计文件的要求和现行国家标准《建筑照明设计标准》的规定。

（3）选用的电梯和自动扶梯性能指标，以及电梯群控、扶梯自动启停等节能控制措施应符合配电与照明节能设计文件的要求。

（4）选用的三相配电变压器、水泵、风机等设备及其他电气装置，其性能指标应符合配电与照明节能设计文件的要求和现行国家、地方相关标准的规定。

6. 能源综合利用监理要点

（1）排风能量回收系统、蓄冷蓄热系统余热废热利用，应符合可再生能源利用专项设计文件的要求。

（2）太阳能热水系统、光伏发电系统、地源热泵系统等可再生能源的利用，应符合可再生能源利用专项设计文件的要求和现行国家、地方相关标准的规定。

（四） 节水与水资源利用控制指标及监理要点

1. 节水与水资源利用控制项

（1） 应制订水资源利用方案，统筹利用各种水资源。

（2） 给排水系统设置应合理、完善、安全。

（3） 应采用节水器具。

2. 节水与水资源利用控制项监理要点

（1） 各种水资源的利用应符合给排水工程设计文件、水资源方案的要求。

（2） 给排水系统设置应符合给排水工程设计文件的要求和现行国家、地方相关标准的规定。

（3） 节水器具的使用应符合给排水工程设计文件的要求和现行国家、地方相关标准的规定。

3. 节水系统监理要点

（1） 采取的避免管网漏损措施应符合给排水工程设计文件的要求。

（2） 给水系统不应有超压出流现象。

（3） 用水计量装置的设置应符合给排水工程设计文件的要求。

（4） 公共浴室应按给排水工程设计文件的要求，采取节水措施。

4. 节水器具与设备监理要点

（1） 使用的卫生器具用水效率等级应符合给排水工程设计文件的要求。

（2） 节水灌溉系统，以及采取设置土壤湿度感应器、雨天关闭装置或种植无须永久灌溉植物等节水措施应符合给排水工程设计文件的要求。

（3） 空调设备或系统应按施工图设计文件的要求采用节水冷却技术。

5. 非传统水源利用监理要点

（1） 住宅、旅馆、办公、商场类建筑的非传统水源利用率，以及其他类型建筑的绿化灌溉、道路冲洗、洗车用水、冲厕采用非传统水源用水量占总用水量的比例，应符合给排水工程设计文件的要求。

（2） 冷却水补水使用非传统水源的量占总用水量的比例，应符合给排水工程设计文件的要求。

（3） 景观水体应按给排水工程设计文件、非传统水源系统设计图及景观水体设计图的要求，利用雨水，并采用生态水处理技术保障水体水质。

（五）节材与材料资源利用控制指标及监理要点

1. 节材与材料资源利用控制项

（1）不得采用国家和地方禁止、限制使用的建筑材料及制品。

（2）混凝土结构中梁、柱中纵向受力普通钢筋采用不低于 400 MPa 级的热轧带肋钢筋。

（3）建筑造型要素应简约且无大量装饰性构件。

2. 节材与材料资源利用控制项监理要点

（1）不得采用国家和地方禁止、限制使用的建筑材料及制品。

（2）混凝土结构中梁、柱纵向受力普通钢筋应符合施工图设计文件的要求，且应采用不低于 400 MPa 级的热轧带肋钢筋。

（3）建筑造型要素应简约、无大量装饰性构件，并符合建筑施工图设计文件的要求。

3. 材料节约和利用监理要点

（1）建筑型体、地基基础、结构体系、结构构件应符合施工图设计文件的要求和国家标准《建筑抗震设计规范》的规定。

（2）应按施工图设计文件的要求，采用土建与装修一体化、工业化生产的预制构件、整体化定型设计的厨房和卫浴间、可重复使用的隔断（墙）等节材措施。

（3）应按照现行国家、地方有关绿色建筑标准的规定，选用本地生产的建筑材料。

（4）现浇混凝土应采用预拌混凝土，建筑砂浆应采用预拌砂浆。

（5）应按照施工图设计文件的要求，采用可再利用材料、可再循环材料及高强、高性能、高耐久性的结构材料。

（6）应按施工图设计文件的要求，使用以废弃物为原料生产的建筑材料，且废弃物掺量不低于 30%。

（7）应按施工图设计文件的要求，采用耐久性好易维护的外立面材料、室内装饰装修材料及清水混凝土。

（六）室内环境控制指标及监理要点

1. 室内环境质量控制项

（1）主要功能房间的室内噪声级，应满足现行国家标准《民用建筑隔声设计规范》中的低限要求。

（2）主要功能房间的外墙、隔墙、楼板和门窗的隔声性能，应满足现行国家标准

《民用建筑隔声设计规范》中的低限要求。

（3）建筑照明数量和质量，应符合现行国家标准《建筑照明设计标准》的规定。

（4）采用集中供暖空调系统的建筑，房间内的温度、湿度、新风量等设计参数应符合现行国家标准《民用建筑供暖通风与空气调节设计规范》的规定。

（5）在室内设计温、湿度条件下，建筑围护结构内表面不得结露。

（6）屋顶和东、西外墙隔热性能，应满足现行国家标准《民用建筑热工设计规范》的要求。

（7）室内空气中的氨、甲醛、苯、总挥发有机物、氡等污染物浓度，应符合现行国家标准《室内空气质量标准》的有关规定。

2. 室内环境质量控制项监理要点

（1）主要功能房间的室内噪声级，应符合施工图设计文件、室内噪声设计分析报告的要求和现行国家标准《民用建筑隔声设计规范》的规定。

（2）主要功能房间的外墙、隔墙、楼板和门窗的隔声性能，应符合施工图设计文件、室内隔声设计分析报告的要求和现行国家标准《民用建筑隔声设计规范》的规定。

（3）建筑照明数量和质量，应符合照明与电气施工图设计文件的要求和现行国家标准《建筑照明设计标准》的规定。

（4）采用集中供暖空调系统的建筑，房间内的温度、湿度、新风量等指标应符合施工图设计文件的要求和现行国家标准《民用建筑供暖通风与空气调节设计规范》的规定。

（5）在室内设计温、湿度条件下，建筑围护结构内表面不得结露。

（6）屋顶和东、西外墙隔热性能，应符合施工图设计文件的要求和现行国家标准《民用建筑热工设计规范》的规定。

（7）室内空气中的氨、甲醛、苯、总挥发性有机物、氧等污染物浓度，应符合施工图设计文件的要求和现行国家标准《室内空气质量标准》的规定。

3. 室内声环境监理要点

（1）应按照施工图设计文件的要求采取措施减少噪声干扰。

（2）公共建筑中的多功能厅、接待大厅、大型会议室和其他有声学要求的重要房间，其声学指标应符合专项声学设计文件的要求。

4. 室内光环境与视野监理要点

（1）居住建筑与相邻建筑的直接间距，应符合施工图设计文件的要求，公共建筑的主要功能房间能通过外窗看到室外自然景观，且无明显视线干扰。

（2）主要功能房间的采光系数，应符合施工图设计文件、天然采光模拟计算分析报告的要求和现行国家标准《建筑采光设计标准》的规定。

（3）改善建筑室内天然采光效果所采取的措施，应符合施工图设计文件的要求。

5. 室内热湿环境监理要点

（1）应按照遮阳系统设计文件的要求采取可调节遮阳措施，降低夏季太阳辐射的热度。

（2）供暖空调系统末端装置应符合暖通施工图设计文件的要求，且可现场独立调节。

6. 室内空气质量监理要点

（1）自然通风效果应符合施工图设计文件、自然通风模拟计算分析报告的要求。

（2）重要功能区域供暖、通风与空调工况下的气流组织应符合施工图设计文件、自然通风模拟计算分析报告的要求，应避免卫生间、餐厅、地下车库等区域的空气和污染物串通到其他房间或室外活动场所。

（3）主要功能房间中人员密度较高且随时间变化大的区域应按照建筑智能化施工图设计文件的要求，设置室内空气质量监控系统。

（4）地下车库应按施工图设计文件的要求，设置与排风设备联动的一氧化碳浓度监测装置。

二、建筑工程绿色施工监理实务

（一）绿色施工的相关规范

1.《绿色建筑评价标准》中有关施工管理的内容

（1）施工管理控制项

①应建立绿色建筑项目施工管理体系和组织机构，并落实各级责任制。

②施工项目部应制订施工全过程的环境保护计划，并组织实施。

③施工项目部应制订施工人员职业健康安全管理计划，并组织实施。

④施工前应进行设计文件中绿色建筑重点内容的专项会审。

（2）施工管理评分项

旧版的《绿色建筑评价标准》虽有提到施工环节，但都是务虚的内容，评审过程中很少有人去查阅施工过程中的数字及文字记载，可操作性比较差。新版的绿色建筑评价标准，较好地弥补了旧版不足。具体表现如下：

①正视环保问题。北京与上海针对产生 $PM_{2.5}$ 的本土分析，均得出建筑施工的贡献率在 10%～20% 的结论。"施工管理"章节将重点关注环境保护，在标准中首次采用洒水、覆盖、遮挡等降尘措施，在工地建筑结构脚手架外侧设置密目防尘网或布。建筑废弃物的

量化标准也是创新点之一，根据北京和上海的统计数据，我国建筑废弃物的排放量基本上在 500~600 吨/万平方米，如此大量的建筑废弃物都是从新材料演变而成的，既不节材，又对环境造成污染。对此不仅提出了量化减排的要求，还提出了资源化利用的要求，将建筑施工与环境保护相互结合起来。

②对资源节约做出了量化规定。施工企业的用能用水量长期以来不受制约，制度上对能耗水耗从不干预。"施工管理"章节要求施工单位要制订节能用能和节水用水的方案，还要求对施工区、生活区进行实时监测和记录，只有这样才能有针对性地开展节能节水工作。材料浪费始终是我国施工环节的突出问题，针对我国建筑结构 90%以上为钢筋混凝土结构的实际情况，"施工管理"章节明确地强调混凝土、钢筋及模板三种材料的节约指标，还细化到分级指标，不同比例的损耗率给予不同分值，走出了绿色施工节材的第一步。

③重视过程管理。建筑施工周期较长，涉及管理工作内容多，隐含着"四节一环保"的丰富内容。土建装修一体化施工虽然未进入控制项，但是加大了分值加以引导；耐久性涉及施工的方方面面，是常被人们忽略的绿色属性，《绿色建筑评价标准》充分考虑了结构耐久性、装饰装修材料耐久性、固定设备耐久性。

《绿色建筑评价标准》中"施工管理"条文是为绿色建筑的实现服务的，除了在施工活动中需要考虑"四节一环保"要求外，还应该保障绿色建筑设计性能的实现，评价指标中应有满足这一要求的内容。施工管理仅仅是绿色建筑的一个环节，主要选取施工活动中有关"四节一环保"的几个关键因素，作为评价指标。由于是一次性评价，要求评价指标以结果性为主，所以，尽量采用定量评价指标。

2. 建筑工程绿色施工规范

《建筑工程绿色施工规范》注重施工过程的"人、机、料、法、环"分析，以绿色施工的"四节一环保"要求为基础，总结我国建筑工程施工的经验，强调绿色施工中的新技术应用，提出了具体的绿色施工要求。例如，在地基与基础工程部分，要求采取措施重点控制施工过程扬尘及保护地下水；在主体结构工程部分，强调积极运用工厂化加工、预拌砂浆技术、建筑垃圾减量控制、再生混凝土材料使用、装配式混凝土结构等绿色施工技术；在装修工程部分，强调前期策划，要求尽量选择绿色建材且做好施工保障。同时明确了建设、设计、监理及施工四方为责任主体，在建筑施工过程中基于绿色理念协同负责，通过科技和管理进步的方法，对设计产品所确定的工程做法、设备和用材提出优化和完善的建议，促进建筑施工实现机械化、工业化和信息化。

（二）建筑工程绿色施工监理控制要点概述

施工阶段的绿色建筑控制包括两个方面：一是设计文件中有关绿色建筑的要求在施工中的实施；二是施工活动行为本身符合绿色施工及绿色建筑评价的相关要求。施工方在投标前就要考虑绿色施工及绿色建筑评价的要求，运用 ISO 14000 和 ISO 18000 管理体系，将绿色施工有关内容分解到管理体系目标中去，使绿色施工规范化、标准化。在工程开工前施工方及时编制绿色建筑施工的专项方案，报送监理、业主审核，通过审核的专项方案在施工过程中严格执行。

绿色监理结合《绿色施工导则》《建筑工程绿色施工规范》以及设计文件中有关绿色建筑的要求，对绿色建筑施工专项方案进行审查，对相关材料、设备进行检验，对需要检测的材料、构件、设备进行抽样检测，对施工过程分阶段进行检验并进行分部分项工程验收。

建筑工程绿色监理要重点审查建筑材料中有害物质含量控制标准、地方性材料的充分利用、建筑施工、旧建筑拆除和场地清理时产生的固体废弃物的分类处理、循环利用，充分应用以废弃物为原料生产的建筑材料，在施工过程中对施工引起的大气污染、土壤污染、噪声污染、水污染、光污染，以及对场地周边区域的不利影响采取控制措施。同时，绿色监理在施工过程中，要按照设计文件中有关建筑工程绿色等级的要求和审查批准的绿色建筑施工方案，检查施工方的施工行为。

（三）节地与土地资源保护利用监理

2. 节地与土地资源保护控制项监理要点

（1）施工场地布置应符合专项施工方案的要求，并实施动态管理。

（2）施工临时用地应有审批用地手续。

（3）施工单位应充分了解施工现场及毗邻区域内人文景观保护要求、工程地质情况及基础设施管线分布情况，制定相应的保护措施，并应报请相关部门核准。

2. 节约用地监理要点

（1）施工总平面布置应符合专项施工方案的要求，并尽量减少占地。施工总平面布置宜能充分利用和保护原有建筑物、构筑物、道路和管线等，职工宿舍宜满足 2 平方米/人的使用面积要求。

（2）应在经批准的临时用地范围内组织施工。

（3）场内交通道路应符合专项施工方案的要求，并应根据现场条件合理设计。

（4）施工现场临时道路布置应符合专项施工方案的要求，应与原有及永久道路兼顾考虑，并充分利用拟建道路为施工服务。

（5）应采用预拌混凝土。钢筋加工宜配送化，构件制作宜工厂化。

（6）临时办公和生活用房宜采用结构可靠的多层轻钢活动板房、钢骨架水泥活动板房等可重复使用的装配式结构。

3. 保护用地监理要点

（1）施工现场应按专项施工方案的要求和现行国家、地方相关标准的规定，采取防止水土流失的措施。

（2）施工现场应按专项施工方案的要求，充分利用山地、荒地作为取、弃土场的用地。

（3）施工后应恢复植被。

（4）深基坑施工方案应通过专家论证，并减少土方开挖和回填量，保护用地。

（5）在生态脆弱的地区施工完成后，应进行地貌复原。

（6）地下水位控制应符合专项施工方案的要求和现行国家、地方相关标准的规定，且不应对相邻地表和建筑物产生有害影响。

（四）节能与能源利用监理

1. 节能与能源利用控制项监理要点

（1）对生产、办公、生活和主要耗能施工设备应按专项施工方案的要求，采取节能控制措施。

（2）对主要耗能设备应定期进行能耗计量核算。

（3）施工现场不应使用国家、行业、地方政府明令淘汰的施工机械设备、机具和产品。

2. 临时用电设施监理要点

（1）施工现场临时用电应按专项施工方案的要求和现行国家、地方相关标准的规定，采用节能型设施。

（2）临时用电设施应符合专项施工方案的要求，管理制度应齐全并落实到位。

（3）现场照明设计应符合现行国家标准《施工现场临时用电安全技术规范》的规定，办公、生活和施工现场采用节能照明灯具的数量宜大于80%。

（4）办公、生活和施工现场用电应符合专项施工方案的要求，宜分别计量。

（5）施工现场宜根据当地气候和自然资源条件，合理利用太阳能或其他可再生能源。

3. 机械设备监理要点

（1）施工现场使用的施工机械设备与机具应符合国家、行业有关节能、高效、环保的规定。

（2）临时用电设备应符合专项施工方案的要求，宜采用自动控制装置。

（3）施工机具资源应共享。

（4）施工现场应定期监控重点耗能设备的能源利用情况，并有记录。

（5）施工现场应建立设备技术档案，并应定期进行设备维护、保养。

4. 临时设施监理要点

（1）施工临时设施应符合专项施工方案的要求，宜结合日照、风向等自然条件，合理采用自然采光、通风和外窗遮阳设施。

（2）临时施工用房应符合专项施工方案的要求，并应使用热工性能达标的复合墙体和屋面板顶棚宜采用吊顶。

5. 材料运输与施工监理要点

（1）建筑材料的选用应符合专项施工方案的要求和现行国家、地方相关标准的规定，并应缩短运输距离，减少能源消耗。

（2）施工现场应按专项施工方案的要求，采用能耗少的施工工艺。

（3）施工现场应按专项施工方案的要求，合理安排施工工序和施工进度。

（4）施工现场应尽量减少夜间作业和冬季施工的时间。

（五）节水与水资源利用监理

1. 节水与水资源利用控制项监理要点

（1）标段分包或劳务合同应将节水指标纳入合同条款。

（2）施工现场应有水计量考核记录。

2. 节约用水监理要点

（1）施工现场应根据工程特点制定用水定额。施工现场应分别对生活用水与工程用水确定用水定额指标，并分别计量。

（2）施工现场供、排水系统应符合专项施工方案的要求和现行国家、地方相关标准的规定，且合理适用。

（3）施工现场办公区、生活区的生活用水应符合专项施工方案的要求，且应采用节水器具，节水器具配置率应达到100%。

（4）施工中应按专项施工方案的要求，采用先进的节水施工工艺。

（5）混凝土养护和砂浆搅拌用水应符合专项施工方案的要求和现行国家、地方相关标准的规定，且应有节水措施。

（6）管网和用水器具不应有渗漏。

（7）施工现场喷洒路面、绿化浇灌不应使用自来水。

3. 水资源利用监理要点

（1）施工现场宜建立基坑降水再利用的收集处理系统，基坑降水应储存使用。

（2）施工现场宜有雨水收集利用的设施。

（3）冲洗现场机具、设备、车辆用水应符合专项施工方案的要求，且应设立循环用水装置。

（4）生产、生活污水宜处理并使用。

（5）施工现场的非传统水源利用应符合专项施工方案的要求和现行国家、地方相关标准的规定，且应检验合格。

（六）节材与材料资源利用

1. 节材与材料资源利用控制项监理要点

（1）施工现场应按专项施工方案的要求和现行国家、地方相关标准的规定，根据就地取材的原则进行材料选择并应有实施记录。

（2）施工现场应建立健全机械保养、限额领料、建筑垃圾再生利用等制度。

2. 材料选择监理要点

（1）施工现场应编制材料计划，施工应选用绿色、环保材料。

（2）临建设施应按专项施工方案的要求，采用可拆迁、可回收材料。

（3）施工现场应按专项施工方案的要求和现行国家、地方相关标准的规定，利用粉煤灰、矿渣、外加剂等新材料降低混凝土和砂浆中的水泥用量；粉煤灰、矿渣、外加剂等新材料掺量应按供货单位推荐掺量、使用要求、施工条件、原材料等因素，通过试验来确定。

3. 材料节约监理要点

（1）施工现场应按专项施工方案的要求，采用管件合一的脚手架和支撑体系。

（2）施工现场应按专项施工方案的要求，采用工具式模板和新型模板材料，如铝合金、塑料、玻璃钢和其他可再生材质的大模板与钢框镶边模板。

（3）施工现场应按专项施工方案的要求，采取有效的技术措施降低材料运输损耗率。

（4）施工现场线材下料损耗率应低于定额损耗率。

（5）面材、块材镶贴，应做到预先总体排版。

（6）施工现场应因地制宜采用新技术、新工艺、新设备、新材料。

（7）施工现场应提高模板、脚手架体系的周转率。水平承重模板宜采用早拆支撑体系。

（8）临建设施、安全防护设施宜定型化、工具化、标准化，现场办公和生活用房宜采用周转式活动房。现场围挡宜最大限度地利用已有围墙，或采用装配式可重复使用的围挡来封闭。

（9）主体结构施工宜选择自动提升、顶升模架或工作平台。

4. 资源再生利用监理要点

（1）施工现场建筑余料应按专项施工方案的要求和现行国家、地方相关标准的规定，合理使用。

（2）施工现场板材、块材等下脚料和撒落的混凝土及砂浆，应按专项施工方案的要求和现行国家、地方相关标准的规定，科学利用。

（3）施工现场临建设施应按专项施工方案的要求，充分利用既有建筑物、市政设施和市政道路。

（4）现场办公用纸应分类摆放，纸张应两面使用，废纸应回收。

（5）建筑材料包装物回收率宜达到100%。

（七）环境保护监理

1. 环境保护控制项监理要点

（1）施工现场应设置包括环境保护内容的施工标牌。

（2）施工现场应在醒目位置设置环境保护标志。

（3）施工现场的文物古迹和古树名木，应按专项施工方案的要求和现行国家、地方相关标准的规定，采取有效保护措施。

（4）现场食堂应有卫生许可证，炊事员应持有效健康证明。

2. 资源保护监理要点

（1）施工项目部应按专项施工方案的要求和现行国家、地方相关标准的规定，采取措施保护场地四周原有地下水形态，减少抽取地下水措施，或采取基坑封闭降水措施。

（2）施工项目部应按专项施工方案的要求和现行国家、地方相关标准的规定，对危险品、化学品存放处及污染物排放采取隔离措施。

（3）施工现场应按专项施工方案的要求，设置连续、密闭、能有效隔绝各类污染的围挡。

3. 人员健康监理要点

（1）施工现场的施工作业区与生活办公区应按专项施工方案的要求分开布置，生活设施应远离有毒有害物质。

（2）生活区应有专人负责，应有消暑或保暖措施。

（3）现场工人劳动强度和工作时间应符合国家标准《体力劳动强度分级》的有关规定。

（4）从事有毒、有害、有刺激性气味和强光、强噪声施工的人员应佩戴相应的防护器具。

（5）深井、密闭环境、防水和室内装修施工应按专项施工方案的要求和现行国家、地方相关标准的规定，设置自然通风或临时通风设施。

（6）现场危险设备、地段、有毒物品存放地应配置安全醒目标志，并应按专项施工方案的要求和现行国家、地方相关标准的规定，采取有效的防毒、防污、防尘、防潮、通风等措施。

（7）厕所、卫生设施、排水沟及阴暗潮湿地带应定期消毒。

（8）食堂各类器具应清洁，个人卫生、操作行为应规范。

（9）现场应设有医务室，人员健康预案应完善。

4. 扬尘控制监理要点

（1）施工现场应建立洒水清扫制度，配备洒水或喷雾设备降尘，并有专人负责。

（2）对裸露地面和集中堆放的土方、渣土、垃圾应按专项施工方案的要求和现行国家、地方相关标准的规定，采取抑尘措施。

（3）运送土方、渣土等的易产生扬尘的车辆，应按专项施工方案的要求和现行国家、地方相关标准的规定，采取封闭或遮盖措施。

（4）现场进出口应按专项施工方案的要求和现行国家、地方相关标准的规定，设冲洗池和吸湿垫，保持进出现场车辆清洁。

（5）易飞扬的、细颗粒建筑材料应按专项施工方案的要求和现行国家、地方相关标准的规定，封闭存放，余料应及时回收。

（6）易产生扬尘的施工作业应按专项施工方案的要求和现行国家、地方相关标准的规定，采取遮挡、抑尘等措施。

（7）拆除爆破作业应按专项施工方案的要求和现行国家、地方相关标准的规定，采取降尘措施。

（8）高空垃圾清运应按专项施工方案的要求和现行国家、地方相关标准的规定，采用封闭式管道或垂直运输机械完成。

（9）现场采用的散装水泥、干混砂浆应按专项施工方案的要求和现行国家、地方相关标准的规定，采取密闭防尘措施。

5. 废气排放控制监理要点

（1）进出场车辆和机械设备废气排放应符合国家年检要求。

（2）现场生活的燃料不应使用煤。

（3）电焊烟气的排放应符合现行国家标准《大气污染物综合排放标准》的规定。

（4）现场不应存在燃烧废弃物。

6. 现场建筑垃圾处置监理要点

（1）建筑垃圾应按专项施工方案的要求和现行国家、地方相关标准的规定，分类收集、集中堆放。

（2）废电池、废墨盒等有害的废弃物，应按专项施工方案的要求和现行国家、地方相关标准的规定，封闭回收且不混放。

（3）有毒有害废物分类率应达到 100%。

（4）施工现场垃圾桶应按专项施工方案的要求，分为可回收利用和不可回收利用两类，且定期清运。

（5）建筑垃圾回收利用率应达到 30%。

（6）碎石、土石方类建筑垃圾，应按专项施工方案的要求和现行国家、地方相关标准的规定，用作地基、路基回填料，开挖土方应合理回填利用。

7. 现场污水排放监理要点

（1）现场道路和材料堆放场地周边应按专项施工方案的要求设排水沟。

（2）试验室养护用水应经处理达标后排入市政污水管道。

（3）现场厕所应设置化粪池并定期清理，或设置可移动环保厕所并定期清运、消毒。

（4）工地厨房应设隔油池，并定期清理。

（5）雨水、污水应按专项施工方案的要求和现行国家、地方相关标准的规定，分流排放。

（6）工程污水应按专项施工方案的要求和现行国家、地方相关标准的规定，采取去泥沙、除油污、分解有机物、沉淀过滤、酸碱中和等处理方式，实现达标排放。

8. 光污染监理要点

（1）夜间焊接作业时，应按专项施工方案的要求采取挡光措施，避免电焊弧光外泄。

（2）工地设置大型照明灯具时，应按专项施工方案的要求采取防止强光外泄的措施。

9. 噪声控制监理要点

（1）施工现场应采用先进机械、低噪声设备进行施工，且机械、设备定期维护保养。

（2）施工现场应按专项施工方案的要求和现行国家、地方相关标准的规定，设置噪声监测点，对噪声进行动态监测，夜间施工噪声声强值应符合国家、地方有关规定。

（3）产生噪声较大的机械设备应尽量远离施工现场办公区、生活区和周边住宅区。

（4）混凝土输送泵、电锯房等应按专项施工方案的要求和现行国家、地方相关标准的规定，设置吸声降噪屏或采取其他降噪措施。

（5）吊装作业指挥应使用对讲机传达指令。

（6）施工作业面应按专项施工方案的要求和现行国家、地方相关标准的规定，设置隔声设施。

参考文献

[1] 姚刚. 高等教育土建类专业规划教材卓越工程师系列建筑施工安全 [M]. 重庆：重庆大学出版社，2017.

[2] 聂春龙. 建筑施工安全监理 [M]. 北京：人民交通出版社股份有限公司，2017.

[3] 夏蕊芳. 建筑施工的安全管理与实践 [M]. 长春：吉林大学出版社，2017.

[4] 杨文领. 建筑工程绿色监理 [M]. 杭州：浙江大学出版社，2017.

[5] 周钏，陈鹏，吴才轩. 建筑工程监理 [M]. 郑州：黄河水利出版社，2017.

[6] 步向义. 建筑施工安全监理 [M]. 北京：知识产权出版社，2018.

[7] 黄锐锋. 建筑施工安全要点图解 [M]. 北京：中国建筑工业出版社，2018.

[8] 郎志坚，孙学忱. 建筑施工安全隐患通病治理图解 [M]. 北京：中国建筑工业出版社，2018.

[9] 陈炳泉. 高温季节建筑施工安全健康 [M]. 北京：中国建筑工业出版社，2018.

[10] 汪磊. 基于 Bp 神经网络在建筑施工安全评价的研究 [M]. 哈尔滨：哈尔滨工业大学出版社，2018.

[11] 贾虎. 图解建筑工程安全文明施工 [M]. 北京：化学工业出版社，2018.

[12] 步向义. 建筑施工安全监理 [M]. 北京：知识产权出版社，2018.

[13] 沈春林. 建筑防水工程监理 [M]. 北京：中国建筑工业出版社，2018.

[14] 李继业，郗忠梅，刘燕. 绿色建筑节能工程监理 [M]. 北京：化学工业出版社，2018.

[15] 翟越，李艳. 建筑施工安全专项设计 [M]. 北京：冶金工业出版社，2019.

[16] 刘尊明，霍文婵，朱锋. 建筑施工安全技术与管理 [M]. 北京：北京理工大学出版社，2019.

[17] 李钰. 建筑施工安全 [M]. 北京：中国建筑工业出版社，2019.

[18] 杨雄，刘克良. 建筑工程监理概论 [M]. 武汉：中国地质大学出版社，2019.

[19] 张玉波. 装配式混凝土建筑口袋书工程监理 [M]. 北京：机械工业出版社，2019.

[20] 李浪花，程俊. 装配式建筑建造系列教材. 装配式建筑工程监理实务 [M]. 成都：西南交通大学出版社，2019.

[21] 夏红春，禄利刚，孙明利. 建筑施工安全导论 [M]. 北京：中国水利水电出版社，2020.

［22］李英姬，王生明. 建筑施工安全技术与管理［M］. 北京：中国建筑工业出版社，2020.

［23］王莉，刘黎虹. 建筑工程监理［M］. 北京：化学工业出版社，2020.

［24］杨德黔. 建筑钢结构工程监理［M］. 北京：北京工业大学出版社，2020.

［25］寇岚，张润智. 建筑装饰工程监理与法规［M］. 北京：中国轻工业出版社，2020.

［26］刘臣光. 建筑施工安全技术与管理研究［M］. 北京：新华出版社，2021.

［27］万成福. 建筑工程现场安全施工手册［M］. 北京：北京希望电子出版社，2021.

［28］高云. 建筑工程项目招标与合同管理［M］. 石家庄：河北科学技术出版社，2021.

［29］任雪丹，王丽. 建筑装饰装修工程项目管理［M］. 北京：北京理工大学出版社，2021.

［30］杨正权. 建筑工程监理质量控制要点［M］. 北京：中国建筑工业出版社，2021.